DaVinci Resolve 18 达芬奇

视频剪辑与调色

王岩 罗沙 编著

U0224099

清华大学出版社

北京

内 容 简 介

早期的DaVinci Resolve是一款电影工业级调色软件，随着不断的升级和改进，如今该软件已经发展成集剪辑、调色、特效制作和音频处理功能于一身的影视后期处理软件。本书通过11章内容，运用50多个紧贴实战的案例，全面讲解DaVinci Resolve的各项功能，同时辅以大量经验技巧，不但能让读者快速掌握软件，还能让读者把学习到的内容运用到实际中。本书既适合广大视频剪辑爱好者阅读，也适合调色师、剪辑师等专业人士参考，还可以作为影视制作专业的教材和参考书。

图书在版编目（CIP）数据

DaVinci Resolve 18 达芬奇视频剪辑与调色/王岩，罗沙编著. —北京：清华大学出版社，2023.6
ISBN 978-7-302-63913-8

Ⅰ.①D… Ⅱ.①王… ②罗… Ⅲ.①调色—图像处理软件 Ⅳ.①TP391.413

中国国家版本馆CIP数据核字（2023）第114662号

责任编辑：赵　军
封面设计：王　翔
责任校对：闫秀华
责任印制：杨　艳
出版发行：清华大学出版社
　　　　网　　　址：http://www.tup.com.cn，http://www.wqbook.com
　　　　地　　　址：北京清华大学学研大厦A座　　　　　　邮　　编：100084
　　　　社 总 机：010-83470000　　　　　　　　　　　邮　　购：010-62786544
　　　　投稿与读者服务：010-62776969，c-service@tup.tsinghua.edu.cn
　　　　质量反馈：010-62772015，zhiliang@tup.tsinghua.edu.cn
印 装 者：三河市铭诚印务有限公司
经　　销：全国新华书店
开　　本：185mm×235mm　　　印　　张：19　　　字　　数：456千字
版　　次：2023年8月第1版　　　　　　　　　　印　　次：2023年8月第1次印刷
定　　价：99.00元

产品编号：100103-01

前　言

　　随着长、短视频行业迈入新的发展阶段，观众和创作者对视频作品的要求也越来越高，调色流程已经从高端影视行业逐渐渗透到广告、微电影、宣传片，甚至是个人作品和短视频领域。作为业界的王者，DaVinci Resolve诞生之初就拥有世界上最强大的调色系统，凭借着近几个版本的重大更新，在视频剪辑、蒙版追踪和特效制作等方面也已经不逊于Premiere、After Effects等老牌视频合成软件，再加上完全免费版本的推出，使得DaVinci Resolve的新用户群体大幅增长，发展潜力无限。

　　本书使用最新的DaVinci Resolve 18版本，采用了知识点讲解+实操案例的思路，先按照DaVinci Resolve工作流程的顺序，把视频剪辑、特效滤镜、字幕转场、Fusion特效、一级调色、二级调色和交付输出功能中用户需要掌握的所有知识点全部提炼出来，然后运用精心挑选和制作的实例详解每个功能的具体作用、操作流程和注意事项，完全从读者的角度出发进行讲解，让读者在动手的过程中学习软件，在实际的操作中解决各种问题。

　　读者可扫描下面的二维码下载配套素材文件。

附赠素材（1～3章）　　　　附赠素材（4～8章）　　　　附赠素材（9～11章）

　　可按扫描后的页面提示填写你的邮箱，把下载链接转发到邮箱中下载。如果下载有问题或阅读中发现问题，请用电子邮件联系booksaga@126.com，邮件主题写"DaVinci Resolve 18 达芬奇视频剪辑与调色"。

　　由于笔者水平有限，书中难免有疏漏和不足之处，恳请广大读者批评指正。

笔　者

2023.3

目　录

DAVINCI RESOLVE 18

达芬奇
视频剪辑与调色

第1章

基础入门：
从流程入手熟悉软件

早期的DaVinci Resolve（以下使用其中文译名——达芬奇）是由主机、显示器、磁盘阵列、调色台等硬件设备及其配套的软件共同组成的电影工业级调色系统。经过十几年的发展革新，如今的达芬奇已经转型成集剪辑、调色、视觉特效和音频处理等功能于一身的影视后期制作软件。在本章中，我们先要下载和安装最新版的达芬奇18，然后熟悉软件的界面构成和视频剪辑的流程，为后面的学习打好基础。

1.1 获取软件：下载和安装达芬奇软件

下载和安装达芬奇软件的操作步骤如下：

01 达芬奇的官网地址为http://www.blackmagicdesign.com/cn/products/davinciresolve，单击官网首页上的"立即下载"按钮，弹出下载窗口，如图1-1所示。

图1-1

提示 Point out 下载窗口左侧的DaVinci Resolve18是免费版，右侧的DaVinci Resolve Studio18是付费版。免费版的用户界面和付费版完全相同，并且囊括了付费版90%以上的功能，它们最主要区别是付费版中集成了更多的效果器，并且提供了多用户协作功能。

为了更全面地讲解软件，本书使用的是DaVinci Resolve Studio 18版本，读者可以根据自身的实际情况选择适合的版本和操作系统平台。

02 单击下载链接后将弹出注册窗口，在注册窗口中单击左下角的"跳过注册直接下载"文字链接，开始下载达芬奇的安装包，如图1-2所示。

03 下载完成后解压缩安装包，然后双击运行安装程序进入组件选择界面，选择需要安装的组件后单击"Install"按钮，出现主程序的安装界面时单击"Next"按钮，如图1-3所示。

提示 Point out 安装组件中的DaVinci Resolve 18是主程序，Visual C++2015-2022 x64 Redistributable和Visual C++2015-2022 x86 Redistributable是主程序的运行库，这3个组件必须安装。DaVinci Control Panels是调色台等硬件设备的控制程序，Blackmagic RAW Player是一款支持RAW格式的媒体播放器，Fairlight Audio Accelerator Utility是Fairlight音频加速器的调试工具。

图1-2

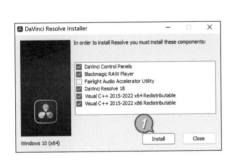

图1-3

04 进入 "End-User License Agreement" 界面，勾选 "I accept the terms in the License Agreement" 复选框后再次单击 "Next" 按钮，进入 "Destination Folder" 界面，单击 "Change" 按钮选择软件的安装路径，然后单击 "Next" 按钮，如图1-4所示。

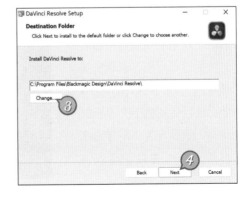

图1-4

05 进入"Ready to install DaVinci Resolve"界面，单击"Install"按钮开始复制主程序文件，最后单击"Finish"按钮完成软件的安装，如图1-5所示。

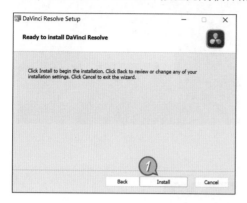

图1-5

1.2 项目管理器：创建和管理项目工程

运行达芬奇后，首先进入的界面叫作项目管理器，在这里可以创建新的项目或者打开以前剪辑过的项目。

创建和管理项目工程的操作步骤如下：

01 在默认设置下，项目管理器使用缩略图+名称的方式显示所有项目，如图1-6所示。左右拖动项目管理器右上角的圆形滑块可以调整缩略图的大小。单击ⓘ按钮会在项目名称的下方显示分辨率、最后修改日期等详细信息。单击☰按钮可以用列表的形式显示项目。

图1-6

02 剪辑过的项目太多，查找起来就会很麻烦。此时可以单击 ☰↓ 按钮切换项目的排列顺序，或者单击 🗀 按钮创建文件夹来分类管理项目，或者单击 🔍 按钮，依据名称、格式、备注搜索要查找的项目，如图1-7所示。

图1-7

03 选中一个项目的缩略图后单击 ▭ 按钮，可以复制这个项目。在项目缩略图上右击，在弹出的快捷菜单中单击"导出项目"命令，可以把项目文件另存到磁盘的其他位置。导出的项目文件中只记录了素材的路径信息，在另一台计算机上打开时会出现找不到素材的问题。解决方法是在项目的缩略图上右击，在弹出的快捷菜单中单击"导出项目存档"命令，这样就能把项目文件连同素材打包到一起，如图1-8所示。

图1-8

▶ **提示**
Point out 选中一个缩略图后，按快捷键Ctrl+C和Ctrl+V也能复制项目，按Delete键可以删除项目。

04 在项目管理器的空白处右击，在弹出的快捷菜单中单击"恢复项目存档"命令，接下来选择带有".dra"后缀的项目文件夹，再单击"打开"按钮就能把项目文件连同素材一起导入项目管理器中，如图1-9所示。

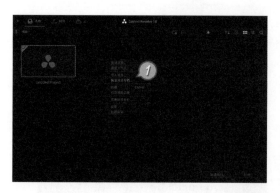 

图1-9

05 双击"Untitled Project"图标，就能用系统默认的名称新建一个项目。也可以单击右下角的"新建项目"按钮，在"新建项目"对话框中输入项目名称后创建项目，如图1-10所示。

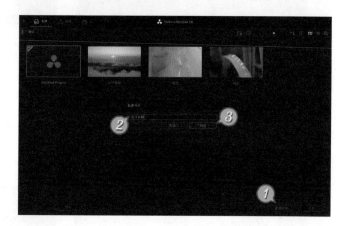

图1-10

1.3 工作流程：通过剪辑流程认识界面

在项目管理器中新建或者打开一个项目后，就会进入达芬奇的主界面。在主界面中，只有顶部的菜单栏和底部的页面导航是固定的，剩余的区域会随着页面的切换而改变，如图1-11所示。

页面导航的左侧显示了达芬奇的版本号，右侧提供了两个快捷按钮，单击 ⌂ 按钮可以打开项目管理器，单击 ⚙ 按钮可以打开项目设置窗口。在页面导航上右击，可以选择是否显示页面切换按钮的名称。

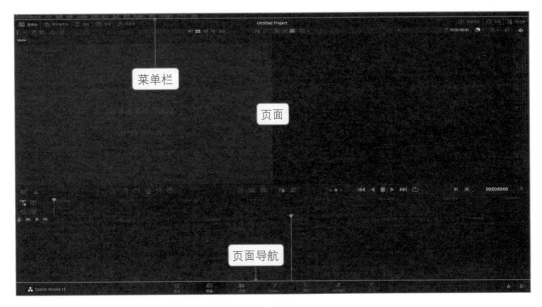

图1-11

页面导航的中间区域按照视频剪辑的流程按顺序提供了7个页面切换按钮。使用达芬奇进行视频剪辑的基本流程是：首先进入"媒体"页面，在磁盘中找到剪辑视频所需的各类素材；接下来进入"快编"或"剪辑"页面，对素材进行分割、修剪、添加转场和字幕等剪辑操作；如果有需要，还要在"Fusion"页面中制作粒子、动态跟踪等特效，在"调色"和"Fairlight"页面中进行调色和音频处理；最后进入"交付"页面，将剪辑好的视频渲染成视频文件。

提示
Point out

执行"工作区"菜单中的"页面导航"命令可以隐藏页面导航，增大页面的显示范围。再次执行这个命令，就能重新显示页面导航。

1.4 项目设置：容易被忽视的重要步骤

为了让工作更顺手，第一次运行达芬奇时，需要对软件的系统环境和用户习惯进行一些必要的设置。操作步骤如下：

01 执行 "DaVinci Resolve" 菜单中的 "偏好设置" 命令，然后单击窗口左侧的 "媒体存储" 选项，这里显示了代理和缓存文件的存储路径。随着剪辑视频数量的不断增加，缓存文件的体积也会不断增加。C盘的存储空间不充裕时，可以单击 "添加" 按钮，选择存储空间更大的磁盘，如图1-12所示。

图1-12

02 如果第一次运行达芬奇时没有选择中文，可以单击窗口上方的 "用户" 选项，在 "UI设置" 选项的 "语言" 下拉菜单中切换语言，如图1-13所示。

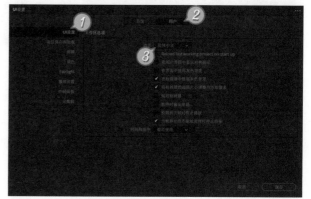

图1-13

03 剪辑视频通常要花费比较长的时间，为了防止因为断电、软件崩溃等意外而导致前功尽弃的情况发生，我们需要单击 "项目保存和加载" 选项，勾选 "项目备份" 复选框，这样软件每间隔一段时间就会自动备份正在编辑的项目，如图1-14所示。

图1-14

04 如果剪辑过程被意外中断，那么在项目管理器的空白处右击，在弹出的快捷菜单中单击"其他项目备份"命令，就能看到自动备份的文件，如图1-15所示。

图1-15

05 在达芬奇中新建项目时，那么软件会给项目设置一组默认的参数，如果默认的设置参数与预期的效果不符，剪辑出来的视频就会出现清晰度不够、跳帧等问题。新建一个项目后，我们第一步要做的就是执行"文件"菜单中的"保存项目"命令，然后单击页面导航上的 ✿ 按钮，在"主设置"选项中检查"时间线分辨率"和"时间线帧率"这两个参数，如图1-16所示。

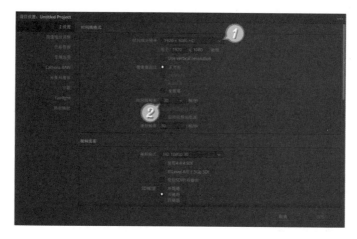

图1-16

提示
Point out

默认的时间线分辨率为1920×1080，也就是1080P。2K分辨率为2560×1440，4K分辨率为3840×2160。默认的时间线帧率为24，这是拍摄电影时采用的帧率。剪辑在电视台中播放的节目时，应该将帧率设置为25。如果剪辑的视频要在网络上播放，则可以根据素材的帧率设置为30或60，帧率越高，视频看起来越流畅。

06 单击面板右上角的···按钮，在弹出的菜单中执行 "Save Current Settings as Default Preset" 命令，在弹出的对话框中单击 "更新" 按钮，可以把当前的项目设置参数保存为默认参数，如图1-17所示。

图1-17

1.5 媒体页面：媒体素材浏览管理中心

媒体页面的主要功能是浏览和导入素材。在默认设置下，媒体页面由媒体存储、源片段检视器、媒体池、嵌入式音频和元数据五个面板组成，如图1-18所示。

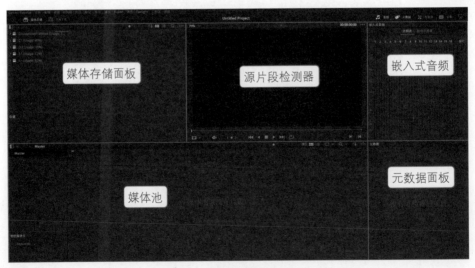

图1-18

　　我们可以把媒体存储面板理解为文件浏览器，面板左侧的导航窗格里显示了计算机上的所有磁盘。选中一个文件夹后，文件夹里的所有素材就会显示在右侧的窗口中。把光标放到素材缩略图上，缩略图上就会出现一条白色的竖线，左右移动竖线就能在源片段检视器中预览这个素材。单击素材缩略图下方的⊞图标，可以显示出素材的详细信息，如图1-19所示。

图1-19

　　双击一个素材缩略图，该缩略图四周会出现橘红色边框，此时这个素材就会一直显示在源片段检视器中，元数据面板中也会显示这个素材的全部信息。按空格键或在源片段检视器中单击▶按钮就能预览素材，再次按空格键或单击■按钮就可以停止播放。在源片段检视器左上角的下拉菜单中可以切换素材的显示比例，如图1-20所示。

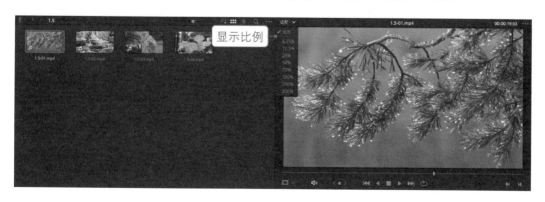

图1-20

在媒体存储面板中找到需要的素材后，还需把素材拖动到页面下方的媒体池中，才能对素材进行剪辑。如果只想导入素材的部分画面，可以单击源片段检视器下方的▶和◀按钮，标记入点和出点。标记完成后，将源片段检视器中的画面拖动到媒体池中，在弹出的窗口中单击"创建"按钮，就能把入点和出点之间的画面导入媒体池中，如图1-21所示。

图1-21

媒体池中的素材太多时，可以在媒体池的空白处右击，在弹出的快捷菜单中执行"新建媒体夹"命令，利用媒体夹进行分类管理。还可以在素材缩略图或媒体夹上右击，在弹出的"片段色彩"菜单中选择一种颜色，通过颜色区分不同类别的素材，如图1-22所示。

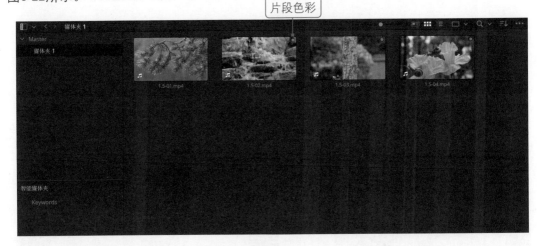

图1-22

▶ 提示
Point out　从媒体存储面板和媒体池中进入一个媒体夹后，单击面板左上角的 ＜ 按钮可以返回到上一级目录，单击▯按钮可以隐藏导航窗格。

达芬奇中的所有页面都是由活动面板组成的，把光标移动到两个面板的交界处，当光标显示为⇥时按住鼠标左键拖动，就能调整面板的大小。有些面板的上方有名称标签，单击标签就能把面板隐藏起来或者显示隐藏的面板。例如，单击嵌入式音频面板上方的"音频"标签，就能显示或隐藏音频面板。单击"媒体存储"标签右侧的"克隆工具"标签，可以显示克隆工具面板，如图1-23所示。

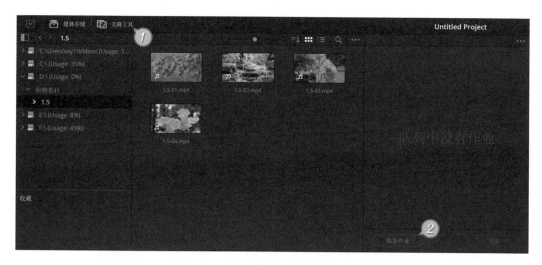

图1-23

假设我们想把某个文件夹中的素材复制到别的磁盘中，或者要把摄像机里的视频复制到计算机上，可以单击克隆工具面板下方的"添加作业"按钮，然后将导航窗格中的文件夹分别拖动到"源"和"目标"项目上，最后单击"克隆"按钮复制文件，如图1-24所示。

图1-24

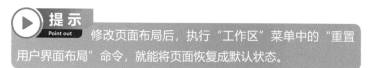

提示
Point out　修改页面布局后，执行"工作区"菜单中的"重置用户界面布局"命令，就能将页面恢复成默认状态。

DAVINCI RESOLVE 18
达芬奇
视频剪辑与调色

第2章
—
分割修剪：
随心所欲地剪辑视频

视频剪辑中的"剪"是指对视频素材进行分割、修剪等操作，删减掉素材中重复、无效的画面。"辑"指的是按照设定好的剧本或构思，把修剪完的素材按照一定的顺序重新排列组合。本章中我们就来学习达芬奇的剪辑功能，先熟悉"快编"页面和"剪辑"页面的页面构成，然后掌握分割、修剪、变速等常用的剪辑操作。

2.1 功能重合："快编"和"剪辑"页面的区别

　　既然"快编"页面和"剪辑"页面中都能进行各种剪辑操作，那么达芬奇为什么提供了两个功能重合的页面呢？我们实际动手操作一下就能感受到这两个页面的不同之处了。

01　运行达芬奇，在项目管理器中双击"Untitled Project"缩略图新建一个项目，然后在页面下方的页面导航中切换到"剪辑"页面。"剪辑"页面主要由媒体池、源片段检视器、时间线检视器和时间线面板四个部分组成，如图2-1所示。

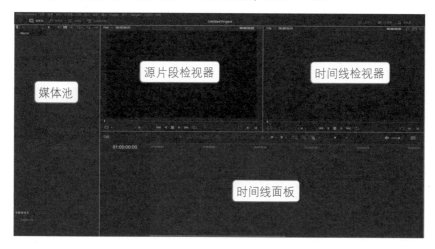

图2-1

02　在媒体池上右击，在弹出的快捷菜单中执行"导入媒体"命令，打开"导入媒体"窗口后找到附赠素材（可从本书配套资源中获取）所在的路径，选中"2.1"文件夹里的所有素材后单击"打开"按钮，继续在弹出的"更改项目帧率"对话框中单击"更改"按钮，把素材导入媒体池里，如图2-2所示。

▶ **提示**
Point out

　　当导入素材的帧率与项目设置的帧率不一致时，就会弹出"更改项目帧率"对话框。选择"更改"，就会把项目设置里的帧率修改为导入素材的帧率；选择"不更改"，则项目设置的帧率保持不变。需要注意的是，一旦将媒体池里的素材插入时间线上，则项目设置里的时间线帧率就会变成灰色，无法进行修改。

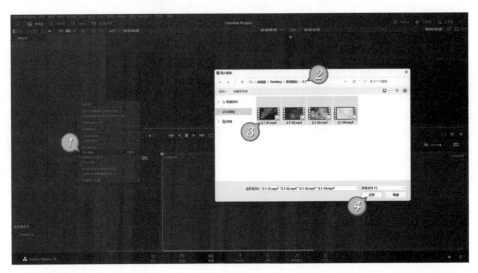

图2-2

03 在媒体池中双击第一个素材，这个素材就会显示在源片段检视器中。将媒体池里的第二个
素材拖动到时间线面板上，时间线检视器中就会显示视频轨道上的片段，如图2-3所示。

图2-3

▶ **提示**
Point out
　　在默认设置下，视频轨道上的素材以缩略图的形式显示，我们可以左右拖动时间线工
具栏上的圆形滑块，或者单击圆形滑块左侧的三个快捷按钮来缩放时间线（见图2-3）。

04 在页面导航中切换到"快编"页面。与"剪辑"页面相比，最直观的感受是"快编"页面里少了一个检视器，媒体池从页面左侧移动到了左上角，页面的下半部分全部用来显示时间线，如图2-4所示。

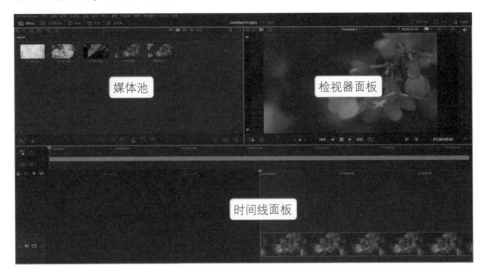

图2-4

05 "快编"页面的媒体池工具栏上多了几个快捷按钮，单击 按钮可以打开"导入媒体"窗口。单击 按钮打开"导入媒体文件夹"窗口后，选择一个文件夹，再单击"选择文件夹"按钮，就能把文件夹连同里面的所有素材一起导入媒体池中，如图2-5所示。

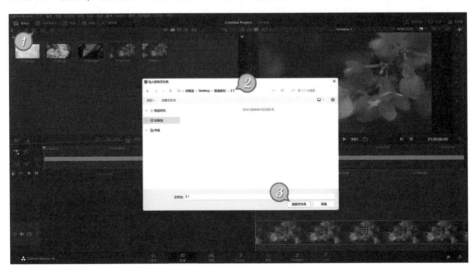

图2-5

06 "快编"页面将源片段检视器和时间线检视器合并到了一起，单击检视器工具栏上的🖼按钮，或者在媒体池中双击一个素材，就会切换到源片段检视器模式；单击🖵按钮或者拖动时间线上的播放头，就会切换到时间线检视器模式，如图2-6所示。

图2-6

▶ **提示**
Point out

在"剪辑"页面中单击时间线检视器面板右上角的▢按钮，也能把源片段检视器和时间线检视器合并到一起，操作方式和"快编"页面相同。

07 单击检视器工具栏上的🖭按钮进入源磁带模式，这种模式能把媒体池里的所有素材按照拍摄时间、素材名称等顺序合并到一起显示，检视器进度条中的竖线显示了每个素材的时间长度，如图2-7所示。

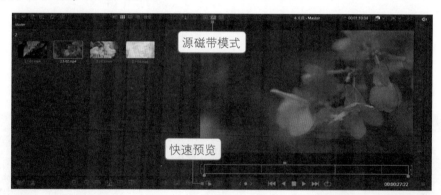

图2-7

▶ **提示**
Point out

在源磁带模式中单击检视器面板左下角的🖭按钮（见图2-7）后，时间较短的素材会用正常速度播放，时间较长的素材会加速播放，这样就能减少预览素材的时间。

08 "快编"页面的时间线分成上下两个部分，上方是时间线总览。无论我们在时间线中插入多少素材，时间线总览都会显示出时间线的全部时长，不用频繁缩放时间线就能快速定位。下方的时间线中显示了素材每一帧的缩略图，在默认设置下，这里的播放头是锁定的，单击时间线总览左侧的🔒按钮可以解除锁定，如图2-8所示。

图2-8

经过前面的操作可以感受出来，达芬奇把"快编"页面当作改进布局和操作方式的试验场，新功能的快捷按钮也会第一时间集成到"快编"页面中。另外，"快编"页面中的时间线总览和源磁带模式可以有效地帮助我们快速挑选和整理素材，特别适合视频粗剪或者是在时间紧迫的情况下快速出片。相比之下，"剪辑"页面在界面布局和操作方式方面都显得比较常规，使用过After Effects、Premiere等视频剪辑软件的用户会比较习惯。

2.2 | 插入素材：将素材放置到时间线上

在达芬奇中，先要把素材导入媒体池，再把媒体池里的素材插入时间线上，然后才能对素材进行各种剪辑操作。为了便于区分，本书将媒体池里导入的视频、图片、音频等媒体文件统称为素材，将插入时间线上的素材统称为片段。

01 在达芬奇里新建一个项目，按快捷键Ctrl+I导入实例教学素材（可从本书配套资源中获取），然后把媒体池里的第一个视频素材拖曳到时间线总览或者是下方的时间线上，这样就能完成插入素材操作。在媒体池里选中要插入的素材后按F9键也能把素材插入时间线上，如图2-9所示。

▶ **提 示**
Point out
激活时间线总览左侧的 🎬 按钮，可以只插入素材的视频画面。激活 🎵 按钮，可以只插入素材的音频。

图2-9

02 在媒体池里选中第二个素材后单击时间线总览上方的▢按钮，新插入的片段会被附加到时间线的尾部。我们还可以通过拖曳的方式将素材插入片段的前方或者是两个片段的交接处，如图2-10所示。

图2-10

03 为了方便观察插入工具的作用，我们可以在第二个片段的缩略图上右击，在弹出的"片段色彩"菜单中选择橘黄色。接下来把播放头拖动到橘黄色片段的左侧，单击时间线总览上方的▢按钮，媒体池里被选中的素材就会被插到片段的前方，如图2-11所示。把播放头拖动到橘黄色片段的右侧后单击▢按钮，素材就会被插到片段的后面。

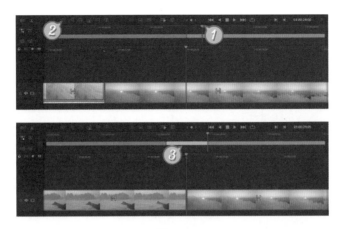

图2-11

04 在时间线总览中将播放头拖动到一个片段上，单击时间线总览上方的◻按钮，媒体池里被选中的素材就会取代播放头所处的片段，如图2-12所示。

图2-12

05 在媒体池里选中一个素材后单击时间线总览上方的◻按钮，素材就会被插入一条新建的轨道上，起始位置是插入素材前播放头所处的位置，如图2-13所示。

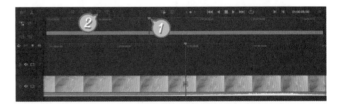

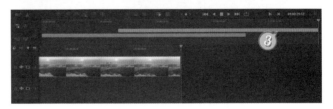

图2-13

06 单击时间线总览上方的中按钮，媒体池里被选中的素材就会被插入一条新建的轨道上，起始位置是播放头所在片段的起始处，如图2-14所示。这项功能主要在制作多机位或者是画中画效果时使用。

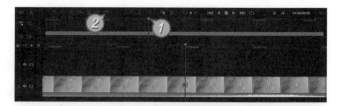

图2-14

07 按快捷键Ctrl+A选中所有片段后按Delete键将它们删除。将媒体池里的最后一个素材插入时间线上，然后将播放头拖动到4秒处。单击时间线总览上方的 按钮后，达芬奇会自动检测插入的素材，如果素材中包含人脸，那么就会在新建的轨道上插入放大面部特写的片段；如果不包含人脸，那么会在新建的轨道上插入画面放大一倍的片段，如图2-15所示。

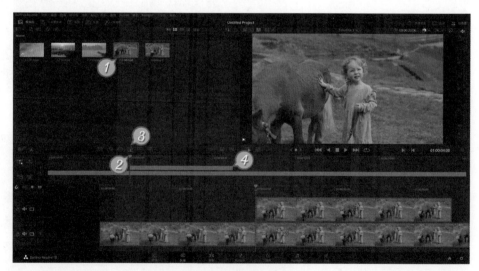

图2-15

08 切换到"剪辑"页面，在媒体池里双击一个素材后，将光标移动到源片段检视器上，将检视器面板下方的 图标拖动到时间线上就可以只插入素材的视频画面，将 图标拖动到时间线上就可以只插入素材的音频，如图2-16所示。

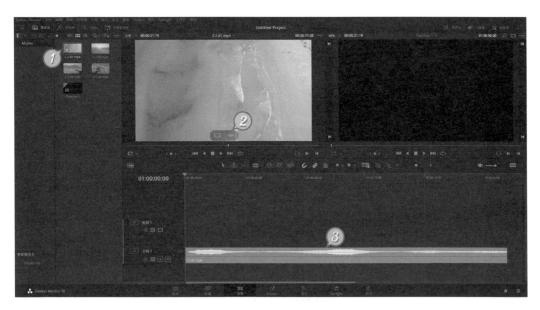

图2-16

> **提示**
> Point out　　按住Alt键后把媒体池里的素材拖动到时间线上，也可以只插入素材的视频画面。按住Shift键后把素材拖动到时间线上，也可以只插入素材的音频。

09 调整播放头的位置后，单击时间线工具栏上的 按钮，源片段检视器中显示的素材就会被插入播放头所处的位置，播放头右侧的片段会顺序向后移动，从而增加时间线的总时长，如图2-17所示。

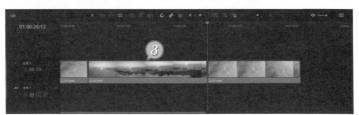

图2-17

10 按快捷键Ctrl+Z撤销上一步操作，然后单击时间线工具栏上的 按钮，播放头右侧的片段就会被新插入的片段覆盖，如图2-18所示。

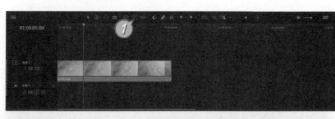

图2-18

11 单击时间线工具栏上的 按钮，新插入的片段就会替换掉播放头位置的片段，时间线的总时长不会发生变化，如图2-19所示。

图2-19

12 "剪辑"页面的时间线工具栏上只有三个插入片段的快捷按钮，将媒体池里的素材拖动到时间线检视器上，时间线检视器的右侧就会弹出所有插入工具的快捷按钮，如图2-20所示。

图2-20

2.3 随时切换：时间线辅助按钮的功能

"快编"页面和"剪辑"页面的时间线上有很多辅助按钮，利用这些辅助按钮我们不但可以控制片段的显示方式，还能进行添加标记、静音和锁定轨道等操作。本节中我们还是通过动手实践的方式来逐个了解时间线辅助按钮的作用。

01 在达芬奇里新建一个项目，按快捷键Ctrl+I导入实例教学素材，在媒体池里选中第一个视频素材，单击时间线工具栏上的 按钮把素材插入时间线上。接下来单击时间线左侧的 按钮，或者在轨道的空白处右击，在弹出的快捷菜单中执行"添加轨道"命令，新建一条轨道，如图2-21所示。

图2-21

02 轨道左侧的面板上用数字标注了轨道序号，单击新建的轨道，轨道序号变成橘黄色，这时我们无论是按快捷键还是单击快捷按钮，片段都会被插入新建的轨道上，如图2-22所示。

图2-22

提示 Point out 　在轨道的空白处右击，在弹出的快捷菜单中执行"删除轨道"命令，可以将当前激活的轨道连同轨道上的所有片段一起删除。在轨道的空白处右击，在弹出的快捷菜单中执行"删除空白轨道"命令，可以删除所有没插入片段的轨道。

03 当时间线左侧的 ⟳ 按钮处于激活状态时，播放头靠近片段的开头、结尾和交接处，就会自动吸附上去。激活时间线左侧的 ⊪ 按钮后，如果时间线中的片段包含声音，那么拖动片段两侧的边框时声音会用音频波形的形式进行显示，如图2-23所示。

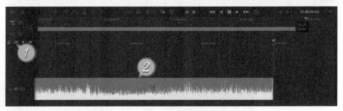

图2-23

04 单击时间线左侧的 ● 按钮，就会在播放头的位置添加一个用来作为参照或者是进行提示的标记。双击时间线上的标记，在弹出的窗口中可以对标记添加备注和关键词，如图2-24所示。

图2-24

05 轨道的左侧还有三个按钮：取消◀️按钮的激活，就能让轨道上的所有片段静音；取消□按钮的激活，可以禁用轨道上的所有视频画面；激活🔒按钮后，可以将轨道上的所有片段锁定，锁定的片段不能移动和编辑。如图2-25所示。

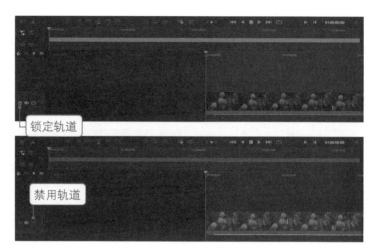

图2-25

06 切换到"剪辑"页面，单击时间线工具栏左上角的▭按钮展开"时间线显示选项"。在"时间线显示选项"中激活▭按钮显示堆放时间线，通过堆放时间线上的选项卡可以在多个时间线之间进行切换，如图2-26所示。

图2-26

> **提示**
> Point out
>
> 　　在堆放时间线选项卡上右击，在弹出的快捷菜单中执行"重命名时间线"命令，就可以修改时间线的名称。

07 取消▤按钮的激活，可以在时间线中隐藏字幕轨道。取消▥按钮的激活，视频轨道上就不会显示波形。激活▣按钮，视频轨道上的缩略图只会出现在片段的两侧。激活▬按钮，视频轨道上不会显示缩略图。如图2-27所示。

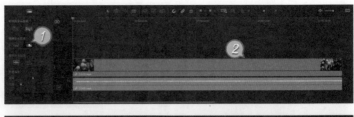

图2-27

08 拖动"时间线显示选项"最下方的两个圆形滑块，可以调整轨道的高度。把光标移动到轨道的边框处，光标显示为╪时按住鼠标左键拖曳，也能调整轨道的高度，如图2-28所示。

图2-28

09 在默认状态下，拖动一个片段时，视频轨道和音频轨道会一起移动。在时间线工具栏上取消⌀按钮的激活，视频和音频轨道就可以分别拖动，如图2-29所示。

图2-29

10 激活时间线工具栏上的🔒按钮，可以锁定所有轨道上的片段，被锁定的片段不能移动位置，但是可以进行分割、修剪等操作。锁定所有轨道上的片段后，我们还可以单击轨道左侧的🔒按钮，单独解锁某个轨道的位置锁定。如图2-30所示。

图2-30

11 选中一个片段后单击时间线工具栏上的 ▌按钮，可以在片段的右下角添加用来区分素材类型的旗标。和标记一样，双击片段上的旗标后就可以在弹出的窗口中设置旗标的颜色和备注。如图2-31所示。

图2-31

> **提示**
> **Point out**
> 在"剪辑"页面中，我们不但能在时间线上添加标记，选中时间线上的片段后，还能把标记添加到片段上。

2.4 分割修剪：去除素材中的多余部分

分割和修剪素材是视频剪辑中最常用的操作，本节我们就来学习在达芬奇中分割和修剪素材的方法，以及提高剪辑效率的一些技巧。

01 在达芬奇里新建一个项目，按快捷键Ctrl+I导入实例教学素材。在媒体池里双击第一个
素材，拖动检视器进度条底部的两个白色滑块，就能定位素材的入点和出点，以此修
剪素材，如图2-32所示。将修剪完的素材插入时间线上，片段上只会保留入点和出点
之间的画面。

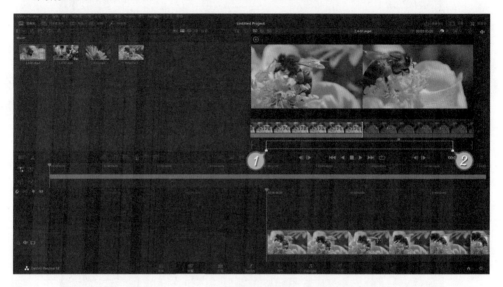

图2-32

▶ **提示** Point out
拖动滑块修剪素材时，检视器中的画面会变成两个，左侧显示的是入点处的画面，右
侧显示的是出点处的画面。检视器的底部还会出现带有连续序号的缩略图，表示修剪掉了多少帧的画
面。假设项目设置中的帧率为30，那么修剪掉29帧的画面就相当于去掉1秒钟的时长。

02 修剪素材的第二种方法是把检视器面
板的播放头拖动到要保留画面的开始
位置，然后按I键标记入点；继续把播
放头拖动到要保留画面的结尾处，按O
键标记出点。如图2-33所示。

图2-33

　需要精确调整播放头的位置时，可以把光标移动到检视器面板下方的 ◆◆ 按钮上，向上滚动鼠标中键一下，播放头就会前进一帧；向下滚动鼠标中键一下，播放头就会后退一帧。我们还可以按键盘上的左、右方向键来前进或后退，每按一下就前进或后退一帧。按住Shift键的同时按左、右方向键，每按一下可以前进或后退1秒。

03 　修剪素材的第三种方法是把未修剪的素材插入时间线上，在时间线上按住鼠标左键不放，拖曳片段两侧的边框就能修剪掉多余的画面，如图2-34所示。

图2-34

04 　如果我们想要去除素材中间的部分画面，那么可以将素材插入时间线上，将播放头拖动到要去除画面的开始处，然后单击时间线工具栏上的 ✂ 按钮分割片段。继续将播放头拖动到要去除画面的结尾处，再次单击 ✂ 按钮分割片段。现在片段被分割成三段，选择中间的片段后按Delete键，将多余的部分删除，如图2-35所示。

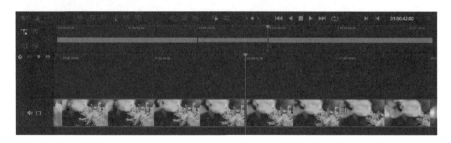

图2-35

05 　我们还可以把播放头拖动到要去除画面的开始处，单击 ✂ 按钮分割片段。接下来把光标移动到两个片段的交接处，当光标显示为 ◀▯ 时按住鼠标左键拖曳，就能把多余的部分修剪掉，如图2-36所示。

　将光标移动到两个片段交接处，光标显示为 ▶◀ 时按住鼠标左键拖曳，可以左右移动分割点的位置。

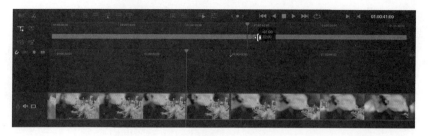

图2-36

06 删除时间线上的片段，然后把媒体池中的第二个视频素材拖动到时间线上。剪辑影视
类的素材时，经常需要进行大量的分割操作。遇到这种素材时我们可以执行"时间
线"菜单中的"探测场景切点"命令，接下来达芬奇就会检测片段，检测完毕后根据
画面中的镜头切换自动分割整个片段，如图2-37所示。

图2-37

07 切换到"剪辑"页面，激活时间线工具栏上的 ▦ 按钮后把光标移动到片段缩略图上，
缩略图上出现红色竖线后单击就能分割片段，如图2-38所示。

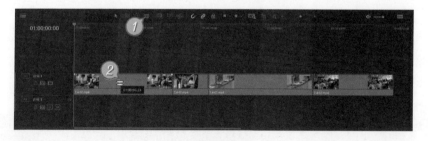

图2-38

08 在轨道上修剪片段后，会在片段之间留下空隙，如图2-39所示。需要想消除空隙，需要双击选中的空隙，然后按Delete键删除。激活时间线工具栏上的⬚按钮后，修剪片段时就能自动消除片段之间的空隙。

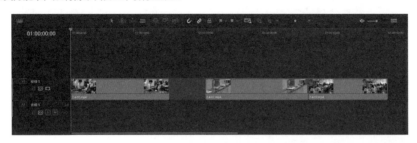

图2-39

09 在默认的选择模式下左右拖动轨道上的片段，与之相邻的片段一侧会被修剪，另一侧则会留下空隙。激活时间线工具栏上的⬚按钮后，把光标移动到片段的缩略图上，光标显示为⬚时左右拖曳片段，可以在不改变片段长度的同时调整修剪范围。将光标移动到缩略图下方的片段名称上，光标显示为⬚时左右拖曳片段，与之相邻的片段一侧会被修剪，另一侧会被延长。如图2-40所示。

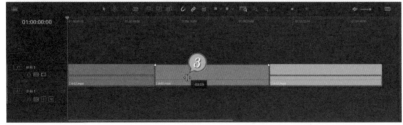

图2-40

10 按空格键预览时间线时，会从播放头的位置开始播放。激活时间线工具栏上的⬚按钮后，播放头会跳转到距离最近的片段交接处。按空格键后，播放头会后退2秒然后向前播放，这样可以查看片段之间是否有空隙或者片段之间的衔接是否正确，如图2-41所示。

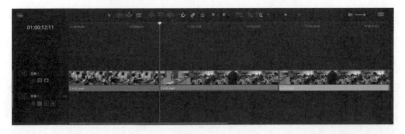

图2-41

2.5 复制交换：剪辑工作中的常用操作

　　每个人都想又快又好地剪辑视频。要想视频剪得快，就必须要对各种命令和剪辑工具有比较深入的了解，用最少的操作实现想要得到的效果。在本节中将介绍复制素材和交换素材位置的方法，这两项操作在剪辑工作中的使用频率很高，操作方式也很多样。

01 在达芬奇里新建一个项目，按快捷键Ctrl+I导入实例教学素材。切换到"剪辑"页面，在媒体池中框选前三个素材，然后把选中的素材插入时间线上。在时间线上选中第一个片段，执行"编辑"菜单中的"复制"命令，把播放头拖动到第二个片段的结尾处，执行"编辑"菜单中的"粘贴"命令，粘贴的片段会对第三个片段进行修剪，如图2-42所示。

图2-42

02 如果想让粘贴的素材插入两个片段之间，不对播放头后面的片段进行修剪，可以执行"编辑"菜单中的"粘贴插入"命令，如图2-43所示。

图2-43

03 在实际工作中，单纯复制粘贴片段的操作并不常用，因为这种操作还不如重新插入一次素材方便。复制功能更主要的作用把一个片段上的设置参数粘贴到另一个片段上，这样就能节省重复设置参数的时间。删除所有片段后把媒体池里的第一个素材拖动到时间线上，在媒体池里双击第二个素材，按F12键将第二个素材叠加到新建的轨道上，如图2-44所示。

图2-44

04 在时间线上选中"V2"轨道上的片段，然后在页面右上角展开"检查器"面板。在"裁切"选项组中设置"裁切左侧"和"裁切右侧"参数均为480，在"变换"选项组中设置"位置X"参数为480，如图2-45所示。

05 按快捷键Ctrl+C复制片段后，在"V1"轨道的片段上右击，在弹出的快捷菜单中执行"粘贴属性"命令，在弹出的"粘贴属性"窗口中勾选"视频属性"复选框后单击"应用"，接下来只要在"检查器"面板中把"位置X"参数设置为−480，就能得到分屏画面的效果，如图2-46所示。

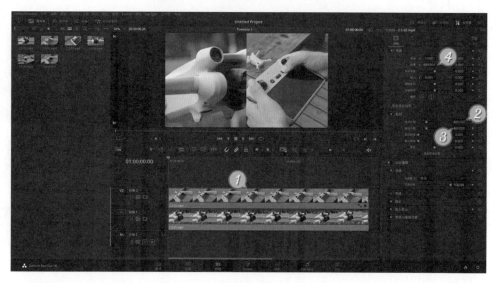

图2-45

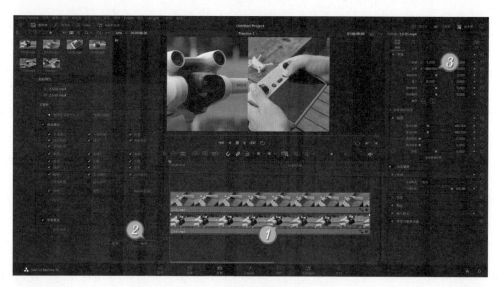

图2-46

提 示

Point out

　　执行在菜单栏中的命令时，有时会出现明明可以执行的命令却变成灰色无法执行状态的现象。这种现象主要发生在"剪辑"页面中，原因是光标在移向菜单栏的过程中划过了媒体池里的素材，使媒体池里的素材变成了激活状态。解决方法是切换到双检视器模式，或者在媒体池双击一个素材后，单击检视器面板右上角的●●●按钮，取消"实时媒体预览"复选框的勾选。

06 在剪辑视频的过程中，经常需要调整片段之间的位置关系。删除时间线上的所有片段后，把媒体池里的所有素材拖动到时间线上。假设现在需要调整第三个片段的位置，最方便的操作方式是同时按住键盘上的**Shift+Ctrl**键，然后在时间线上左右拖动第三个片段，如图2-47所示。

图2-47

07 时间线上的片段非常多时，可以在想要移动的片段上右击，在弹出的快捷菜单中执行"波纹剪切"命令。把播放头拖动到想要插入的位置后，执行"编辑"菜单中的"粘贴插入"命令，如图2-48所示。

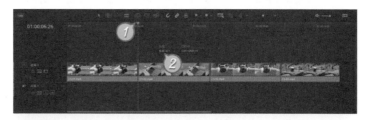

图2-48

▶ **提示**
Point out

使用快捷键是提高剪辑效率的有效途径。在达芬奇中，按键盘上的上、下方向键，就能让播放头在片段之间的交接处跳转。选中一个片段后按Ctrl+上、下、左、右方向键"，就能选择与之相邻的片段。

08 如果想让第一个片段和第二个片段交换位置，可以选中第二个片段后执行"编辑"菜单中的"向左交换片段"命令，或者选中第一个片段后执行"编辑"菜单中的"向右交换片段"命令，如图2-49所示。

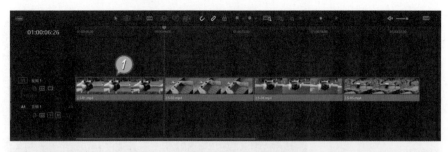

图2-49

2.6 变速曲线：随心所欲改变播放变速

在各类视频作品中，经常能看到快进、慢放、倒放、定格等改变画面播放速度和方向的效果，在达芬奇中只要使用变速控制和变速曲线功能就能轻松实现这些效果。

01 在达芬奇里新建一个项目，按快捷键Ctrl+I导入实例教学素材，切换到"剪辑"页面，把媒体池里的第一个视频素材插入时间线上。在时间线的片段上右击，在弹出的快捷菜单中执行"更改片段速度"命令，在弹出的"更改片段速度"窗口中将"速度"参数设置为300，单击"更改"按钮，片段就会以3倍的速率快进，如图2-50所示。

02 将"速度"参数设置为10，片段就会以0.1倍的速率慢放。"更改片段速度"窗口中的"速度""帧/秒"和"时长"参数是相互关联的，修改任意一个参数，其余两个参数的数值都会发生相应的变化，如图2-51所示。

▶ **提示**
Point out
如果需要变速的片段后面还有别的片段，在"更改片段速度"窗口中勾选"波纹时间线"复选框，可以避免发生前一个片段快进后留下空隙以及前一个片段慢放后被后面的片段修剪的情况。

图2-50

03 片段慢放后，帧率也会随之降低，播放的过程中就会有卡
顿感。这时可以展开"检查器"面板，在"变速与缩放设
置"选项组的"变速处理"下拉菜单中选择"光流"，然
后在"运动估计"下拉菜单中根据需要选择一种模型，如
图2-52所示。这样达芬奇就会对片段进行补帧处理，让慢
放的画面看起来更流畅。

图2-51

图2-52

04 在片段上右击，在弹出的快捷菜单中执行"更改片段速
度"命令。在"更改片段速度"窗口中勾选"反向速度"
复选框，或者将"速度"参数设置为负值就能让片段倒
放，如图2-53所示。"速度"参数的负值越大，倒放的速
度越快。

图2-53

05 把播放头拖动到10秒处，然后在"更改片段速度"窗口中勾选"冻结帧"复选框，单击"更改"按钮，片段就会在播放头的位置被分割成两段，前一个片段用正常速率播放，后一个片段被转换成静帧图像，如图2-54所示。

图2-54

06 把媒体池里的第二个素材拖动到时间线上，在片段上右击，在弹出的快捷菜单中执行"变速控制"命令。在这种模式下，在时间线上把光标移动到片段左上角的边框上，光标显示为 ⟷ 时向左拖动就能慢放片段，向右拖动就可以快进片段，如图2-55所示。

图2-55

▶ **提示**
Point out

片段缩略图的上方用一排箭头表示了播放方向和帧密度。箭头的间距越小，表示帧率越高，播放速度也就越快。箭头显示为黄色时，表示片段正在慢放。

07 只要在时间线中单击片段下方的 ▼ 按钮，就能在弹出的菜单中进行调整播放速度、倒放、冻结帧等操作。按钮前面的数字表示片段的播放速度，如图2-56所示。

图2-56

08 在变速控制模式下还可以设置更加复杂的变速操作。删除时间线上的片段后把媒体池里的第三个素材拖动到时间线上，在片段上右击，在弹出的快捷菜单中执行"变速控制"命令。把播放头拖动到14秒处，然后单击片段下方的 ▼ 按钮，执行"添加速度点"命令。这时片段缩略图上出现一条可以拖曳的滑杆，滑杆两侧的片段可以分别设置播放速度，如图2-57所示。

图2-57

09 单击片段下方左侧的 ▼ 按钮，执行"更改速度"菜单里的"800%"命令，单击右侧的 ▼ 按钮，执行"更改速度"菜单里的"25%"命令，这段视频就会先快进播放，到达速度点的位置后再慢速播放，如图2-58所示。

图2-58

10 在片段上右击，在弹出的快捷菜单中执行"变速曲线"命令，视频轨道下方会出现用来表示速度和方向的线段。沿着垂直方向把变速曲线最左侧的圆点拖动到顶部，第一条线段变成自上而下的状态后，加速快进的片段就会变成加速倒放。移动播放头的位置后，我们还可以单击变速曲线右上角的 ◆ 按钮添加关键帧，拖动关键帧就能给片段增加更多的变速效果，如图2-59所示。

图2-59

11 选中一个关键帧后单击变速曲线上方的 ⌒ 按钮，可以让直线转角变成曲线转角，从而生成比较平滑的过渡效果。拖曳关键帧两侧的圆形手柄，可以调整曲线的弧度大小。如图2-60所示。

图2-60

2.7 关键帧：让素材动起来的核心关键

在达芬奇中，设置参数的作用是决定对象的画面大小、旋转角度、播放速度等属性，关键帧的作用则是把对象某一时刻的设置参数记录下来。当相邻的两个关键帧记录的设置参数不同时，对象就会从一种状态逐渐转变成另一种状态，从而产生各种各样的动态效果。本节中，我们通过制作分屏动画的实例来介绍创建和编辑关键帧的方法。

01 在达芬奇里新建一个项目，按快捷键Ctrl+I导入实例教学素材，切换到"剪辑"页面，把媒体池里的第一个视频素材插入时间线上。单击检视器面板左下角的 ∨ 按钮，在弹出的菜单中选择"裁切"命令，这样就能在检视器中调整画面的裁剪范围，如图2-61所示。

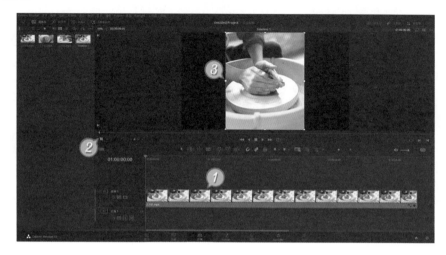

图2-61

02 在检视器上裁剪画面虽然方便，但是不够精确。展开"检查器"面板，在"裁切"选项组中设置"裁切左侧"和"裁切右侧"参数均为640，在"变换"选项组中设置"位置X"参数为−640，设置"位置Y"参数为1080，然后单击"位置Y"参数右侧的 ◆ 按钮创建关键帧，如图2-62所示。

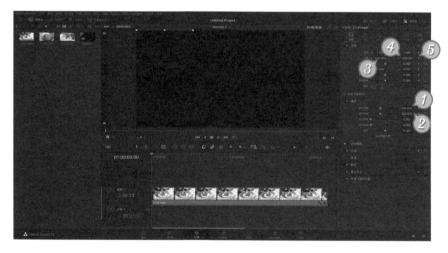

图2-62

03 将播放头拖动到1秒处，在"检查器"面板中设置"位置Y"参数为0，如图2-63所示。把播放头拖动到0帧处后按空格键播放，就能看到片段自上而下进入镜头的效果。

图2-63

> **提示**
> Point out
>
> 单击时间线检视器面板右上角的时间码，输入"100"就能让播放头直接定位到1秒处。如果在时间码中输入"+300"，还能让播放头从当前的位置向右移动3秒；同理，输入"−200"能让播放头从当前的位置向左移动2秒。

04 将播放头拖动到5秒处，在"检查器"面板中单击"位置"参数右侧的 ◆ 按钮插入一个关键帧，如图2-64（左）所示，这样从1秒到5秒的时间内片段的位置不会发生变化。将播放头拖动到6秒处，设置"位置Y"参数为−1080，让片段自上而下离开镜头。如图2-64（右）所示。

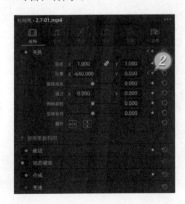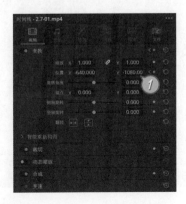

图2-64

> ▶ **提示**
> Point out
>
> 在"检查器"面板中修改参数后，单击参数右侧的 ↺ 按钮，可以将这个参数恢复为默认值。单击选项组右侧的 ⊕ 按钮，可以把选项组里的所有参数恢复为默认值。

05 在时间线上单击片段右下角的 ◆ 按钮，再单击 ❯ 按钮显示所有关键帧，框选"位置X"上的两个关键帧，按Delete键删除，如图2-65所示。

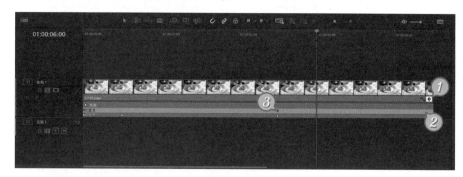

图2-65

06 默认设置下创建的关键帧使用的是线性插值，这种插值方式可以让对象始终进行匀速运动。单击片段右下角的 ∿ 按钮显示关键帧曲线，然后单击曲线面板左上角的 ▼ 按钮，在弹出的窗口中单击"位置Y"选项。选中第二个关键帧后单击 ↗ 按钮，选中第三个关键帧后单击 ↙ 按钮，这样就能让片段的运动产生加速、减速的变化。如图2-66所示。

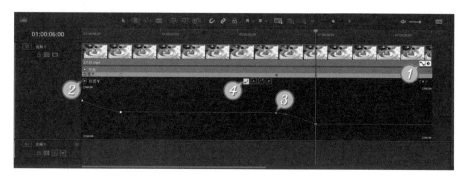

图2-66

07 把播放头拖动到0帧处，在媒体池里选中第二个素材后按F12键，将第二个素材叠加到新建的轨道上。重复以上操作把第三个素材叠加到新轨道上。把拖放头拖动到6秒01帧处，按快捷键Ctrl+Shift+]删除播放头右侧的所有画面，如图2-67所示。

图2-67

08 选中"V1"轨道上的片段，按快捷键Ctrl+C复制片段。框选"V2"和"V3"轨道上的片段，按快捷键Alt+V，在弹出的"粘贴属性"窗口中勾选"位置"和"裁切"复选框后单击"应用"按钮，如图2-68所示。

09 选中"V2"轨道上的片段，在"检查器"面板中设置"位置X"参数为0，选中"V3"轨道上的片段，设置"位置X"参数为640，这样就得到了完整的画面，如图2-69所示。

图2-68   图2-69

10 现在的问题是三个画面是同步运动的，效果比较单一。我们可以选中"V2"轨道上的片段，在0帧处设置"位置Y"参数为−1080，在6秒处设置"位置Y"参数为1080，如图2-70所示。

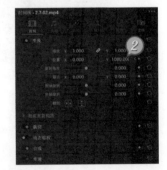

图2-70

11 接下来单击片段右下角的 ～ 按钮显示关键帧曲线，选取中间两个关键帧后单击 ✏ 按钮，继续选中第二个关键帧后单击 ✒ 按钮，选中第三个关键帧后单击 ✒ 按钮，如图2-71所示。

图2-71

12 如果想让三个画面依次进入镜头，那么只需把"V2"轨道上的片段向右移动1秒，把"V3"轨道上的片段向右移动2秒，就能得到想要的效果，如图2-72所示。

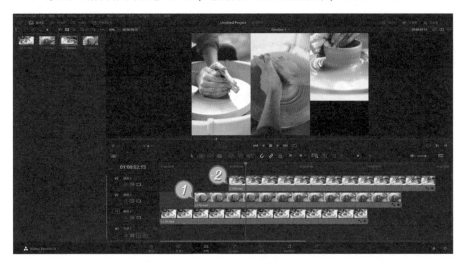

图2-72

DAVINCI RESOLVE 18

达芬奇
视频剪辑与调色

第3章
———

特效滤镜：
超乎想象的视觉效果

达芬奇中集成了很多效果器，利用这些效果器我们不但可以制作出光晕、抽象画、移轴模糊等视觉特效，让视频更具趣味性和视觉冲击力，还能对素材存在的各种瑕疵进行修复。本章会以几个视频剪辑中的常见问题和具有代表性的视觉特效为例，介绍各种效果器的作用范围及使用方法。

3.1 遮幅填充：把横屏视频切换成竖屏视频

在多个平台上发布作品的视频创作者，经常需要把横屏素材转成竖屏视频，或者把竖屏素材转成横屏视频。在达芬奇中，可以用很多种方法进行横竖屏画面的转换，转换的方法不同，效果的差异也很大，在实际工作中可以根据需要灵活选择。

01 在达芬奇里新建一个项目，按快捷键 Ctrl+I导入实例教学素材。单击页面导航右侧的✿按钮打开"项目设置"窗口，勾选"Use vertical resolution"复选框，将"时间线分辨率"设置为 1080×1920，然后单击"保存"按钮，如图3-1所示。

02 把媒体池里的横屏视频素材拖动到时间线上，在检视器面板中可以看到，画面上存在大片黑色区域。第一种解决方法是展开"检查器"面板，选中

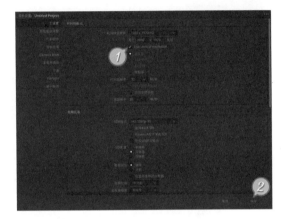

图3-1

时间线上的片段后，将"旋转角度"参数设置为−90，如图3-2所示。

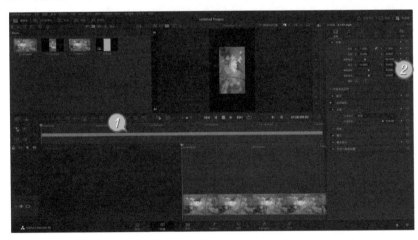

图3-2

03 然后单击检视器面板右上角的█按钮，在弹出的菜单中选择"自定义时间线设置"，打开"时间线设置"窗口，取消"使用项目设置"复选框的勾选，在"分辨率不匹配"下拉菜单中选择"不调整原图大小并裁切超出部分"，单击"OK"按钮，画面就会填满所有区域，如图3-3所示。

图3-3

04 第二种方法是用三分屏填满画面。首先恢复项目的默认设置，然后在时间线上插入横屏素材，再单击两次时间线工具栏上的中按钮，新建视频轨道并插入横屏视频。选中"V3"轨道上的片段，在"检查器"面板中设置"位置Y"参数为2015；选中"V1"轨道上的片段，设置"位置Y"参数为−2015。继续框选所有轨道上的片段，设置"缩放"参数为1.05，如图3-4所示。

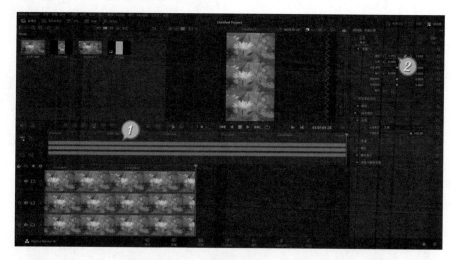

图3-4

05 第三种方法是使用纯色或图片作为背景，充填黑色空白区域。首先删除时间线上的所有片段，然后单击激活"V2"轨道后按F9键把媒体池里的横屏素材插入时间线上。在页面的左上角展开"特效库"面板，单击"生成器"选项卡，把"纯色"生成器拖动到"V1"轨道上。接下来拖曳纯色片段右侧的边框，与视频片段的时长对齐。如图3-5所示。

06 在"检查器"面板中单击"色彩"颜色框，选择一种颜色作为视频的背景色。接下来选中视频片段，在"检查器"面板中设置"位置Y"参数为450，让视频画面的位置符合手机用户的观看习惯，并且为短视频的简介和字幕留出足够空间，如图3-6所示。

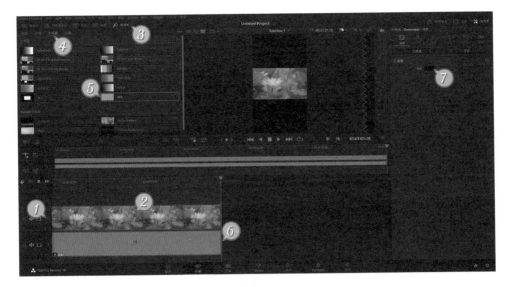

图3-5

图3-6

07 若感觉纯色背景过于单调的话，还可以用渐变色或带有底纹的背景图像替换纯色生成器，如图3-7所示。

08 第四种方法是用虚化的视频作为背景，这种方法在短视频平台中运用得最为广泛。在时间线上插入横屏素材，在"特效库"面板中单击"视频"选项卡，把"Resolve FX风格化"中的"遮幅填充"效果器拖动到视频片段上，如图3-8所示。

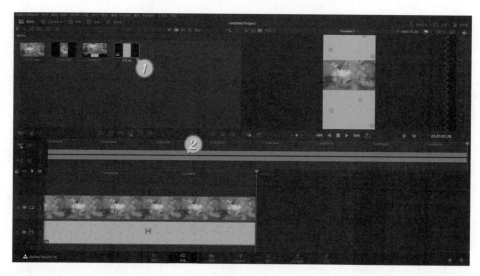

图3-7

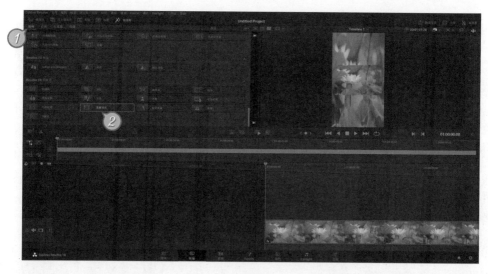

图3-8

提示
Point out

在"特效库"面板顶部的搜索栏中输入名称，就能快速找到需要的效果器。单击效果器名称右侧的★按钮，可以把常用的效果器添加到"收藏"选项卡中，方便下次使用。

09 在"检查器"面板中单击"特效"选项卡，然后在"缩放模式"下拉菜单中选择"缩放到时间线大小"；展开"源"卷展栏，设置"裁切左侧"和"裁切右侧"参数均为0；

在"填充外观"卷展栏中设置"模糊背景"参数为0.8，"渐变量"参数为0.2，"渐变色彩"设置为黑色，如图3-9所示。

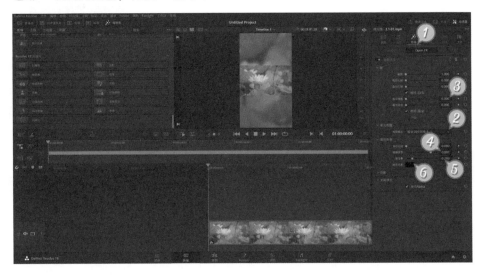

图3-9

10 竖屏视频转横屏也可以使用相同的方法。单击页面导航右侧的 ⚙ 按钮打开"项目设置"窗口，取消"Use vertical resolution"复选框的勾选后单击"保存"按钮。把媒体池里的竖屏素材拖动到时间线上，然后把"特效库"面板中的"遮幅填充"效果器拖动到片段上，如图3-10所示。

图3-10

11 在"检查器"面板中单击"特效"选项卡，在"缩放模式"下拉菜单中选择"缩放到时间线大小"；展开"源"卷展栏，设置"裁切左侧"和"裁切右侧"参数为0。如图3-11所示。

图3-11

3.2 修复滤镜：超级放大低分辨率素材

剪辑视频所需的素材，不但画面内容要与作品想要传达的主题紧密贴合，还要有足够的分辨率和帧率。如果我们好不容易找到或者是拍摄出来的素材存在清晰度不足、噪波太多等问题，那么可以用达芬奇的效果器进行一定程度的修复。

01 在达芬奇里新建一个项目，按快捷键Ctrl+I导入实例教学素材，然后把媒体池里的第一个视频素材插入时间线上。按空格键预览项目，会看到画面上有大量噪点，这是在暗光环境下拍摄视频时普遍存在的现象。单击媒体池上方的特效库，把"Resolve FX修复"中的"降噪"效果器拖动到视频片段上，如图3-12所示。

图3-12

02 在"检查器"面板中单击"特效"选项卡，在"空域降噪"卷展栏的"模式"下拉菜单中选择"更好"，在"空域阈值"卷展栏中设置"亮度阈值"和"色度阈值"参数均为50。此时画面上的噪波有所改善，但是效果不够明显，如图3-13所示。

图3-13

03 在"时域降噪"卷展栏的"在任意一侧的帧数"下拉菜单中选择4，在"运动估计类型"下拉菜单中选择"更好"，继续在"时域阈值"卷展栏中设置"亮度阈值"和"色度阈值"参数为50，如图3-14所示，此时就能得到良好的降噪效果。

图3-14

▶ **提示**
Point out

　　空域降噪中的参数针对的是单帧画面中的噪点，只进行空域降噪的话，连续播放画面时会出现噪点抖动现象。时域降噪可以结合前后帧进行噪点计算，从而消除噪点抖动问题。

04 降噪虽然能让画面看起来更干净，但是也会损失一些细节，接下来我们可以用锐化效果器加强细节，让画面看起来更清晰、锐利。在"特效库"面板中把"Resolve FX锐化"中的"锐化"效果器拖动到视频片段上，如图3-15所示。

图3-15

05 在"检查器"面板中设置"锐化量"参数为2，展开"细节等级"卷展栏，设置"微小细节大小"参数为0.1，在"色度"卷展栏中设置"锐化色度"参数为2，这样就得到了干净又清晰的画面，如图3-16所示。

图3-16

提示 Point out 　　在"检查器"面板中单击效果器名称右侧的 🗑 按钮，就能把应用到片段上的特效删除。单击效果器名称左侧的圆形开关，可以控制效果器是否生效，我们还可以利用这个开关查看特效应用前后的对比效果。

06 将时间线上的片段删除，然后把媒体池里的第二个视频素材拖动到时间线上。在媒体池里单击素材缩略图右下角的 ⊟ 按钮，可以看到这个视频的分辨率为960×540，因为分辨率不足，等比例放大后的画面看起来有些模糊，如图3-17所示。

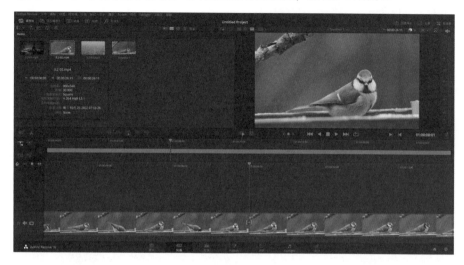

图3-17

07 在媒体池的素材缩略图上右击，在弹出的快捷菜单中执行"片段属性"命令，打开"片段属性"窗口，在"超级放大"下拉菜单中选择"2倍"，然后单击"OK"按钮关闭窗口。稍等片刻，检视器里的画面就会变得清晰很多，如图3-18所示。

图3-18

08 在超级放大的基础上，我们还可以利用效果器进一步加强画面的细节。展开"特效库"面板，双击应用"Resolve FX锐化"中的"Soften and Sharpen"效果器；在"检查器"面板中单击"特效"选项卡，设置"微小纹理"参数为1，"中等纹理"参数为－0.4，"大纹理"参数为－0.6；展开"调整微小纹理粒度"卷展栏，设置"微小纹理大小"参数为0.2，结果如图3-19所示。

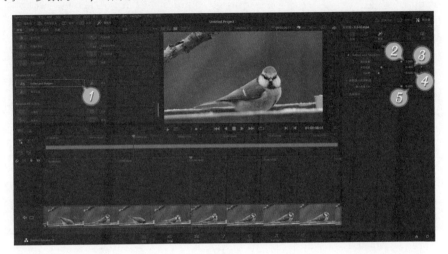

图3-19

09 将时间线上的片段删除，然后把媒体池里的第三个视频素材拖动到时间线上。因为拍摄时雾霾较大，所以素材的画面看起来比较灰暗。单击检视器面板左下角的 ⇶ 按钮后单击 ⁙ 按钮，再单击检视器面板下方的"自动调色"按钮，画面的效果就得到了很大的改善，如图3-20所示。

图3-20

10 接下来利用效果器进一步改善画质。打开"特效库"面板，双击应用"Resolve FX色彩"中的"除霾"效果器。在"检查器"面板中单击"特效"选项卡，设置"除霾强度"参数为0.4，"阴影"参数为40，得到的效果如图3-21所示。

图3-21

3.3 | 移轴模糊：打造神奇的微缩小人国

达芬奇中有很多堪称神奇的功能和效果器，本节要介绍的移轴模糊效果器就是其中之一。移轴模糊效果器可以模拟移轴镜头的物理特性，自由控制焦平面的位置，除了可以虚化背景、突出主体以外，还能产生正在观看微缩模型的感觉。

01 在达芬奇里新建一个项目，按快捷键Ctrl+I导入实例教学素材，然后把媒体池里的第一个视频素材插入时间线上。展开"特效库"面板，把"Resolve FX风格化"中的"移轴模糊"效果器拖动到视频片段上，如图3-22所示。

02 展开"检查器"面板，单击"特效"选项卡，设置"模糊强度"参数为10，在"景深"卷展栏中设置"中心Y"参数为0.31、"角度"参数为12，让焦平面位于立交桥的桥面上，如图3-23所示。

图3-22

图3-23

▶ **提示**
Point out
　　勾选"深度贴图预览"复选框，检视器里就会显示出用来控制模糊范围的灰度贴图，贴图中的黑色区域就是焦平面的范围，贴图中的颜色越浅，表示被虚化的程度越高。

03 因为素材里的镜头是运动的，所以焦平面的位置和角度也应该随着镜头一起运动。单击"中心Y"和"角度"参数右侧的 ◆ 按钮，为这两个参数创建关键帧。把播放头拖动到最后一帧处，设置"中心Y"参数为0.25，"角度"参数为25，如图3-24所示。

04 接下来设置背景虚化的效果。设置"模糊强度"参数5.5，"对焦变换"参数为−0.1，"焦点范围"参数为0.25，"近模糊范围"参数为0.55，如图3-25所示。

图3-24

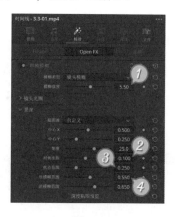

图3-25

> ▶ **提示**
> **Point out**
>
> 给片段添加多个效果器后，预览项目时就会出现严重的卡顿现象。我们可以切换到"剪辑"页面，执行"播放"菜单中的"渲染缓存/智能"命令，此时时间线的上方会出现一条红线，等上一段时间，当红线全部变成蓝线后就能流畅地预览项目了。

05 展开"镜头光圈"卷展栏，在"光圈形状"下拉菜单中选择"六边形"，设置"叶片弯曲弧度"和"高光"参数均为0.8，如图3-26所示。

图3-26

06 移轴模糊的效果制作完成了,我们还可以双击应用"Resolve FX光线"里的"光圈衍射"效果器,在"检查器"面板中设置"合成控制"卷展栏中的"亮度"参数为0.4,增强画面高亮区域的发光效果,如图3-27所示。

图3-27

3.4 变换滤镜:快速制作复杂的拼贴画

拼贴视频和画中画是各类视频作品中比较常见的视觉效果,用关键帧动画制作这种类型的效果,操作起来比较烦琐,本节就来介绍使用视频拼贴画效果器快速制作拼贴视频的方法。

01 在达芬奇里新建一个项目,按快捷键Ctrl+I导入实例教学素材,切换到"剪辑"页面,然后把媒体池里的第一个视频素材插入时间线上。展开"特效库"面板,双击应用"Resolve FX变化"中的"视频拼贴画"效果,如图3-28所示。

02 展开"检查器"面板后单击"特效"选项卡,接下来单击页面右上角的☑按钮扩大面板的显示区域。在"边距与间距"卷展栏中设置"左/右边距"参数为0.07,"顶/底边距"参数为0.05;勾选"预览布局"复选框,在检视器中显示出贴片的序号,如图3-29所示。

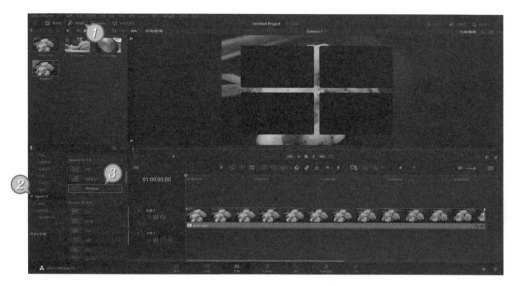

图3-28

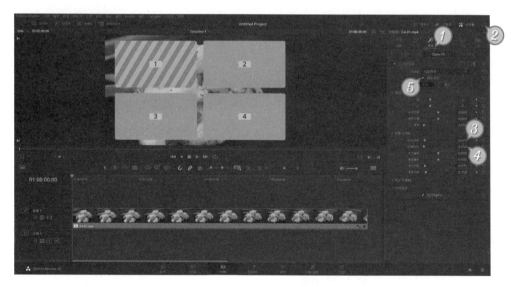

图3-29

03 单击"贴片"按钮后展开"关闭贴片"卷展栏，在"活动的贴片"下拉菜单中选择
"Tile2"，勾选"关闭贴片"复选框删除第二个贴片；在"活动的贴片"下拉菜单中
选择"Tile3"，再次勾选"关闭贴片"复选框删除第三个贴片，如图3-30所示。

04 在"活动的贴片"下拉菜单中选择"Tile1"，展开"贴片方式"卷展栏，设置"贴片
边框"参数为0.02，设置"贴片颜色"为白色，如图3-31所示。

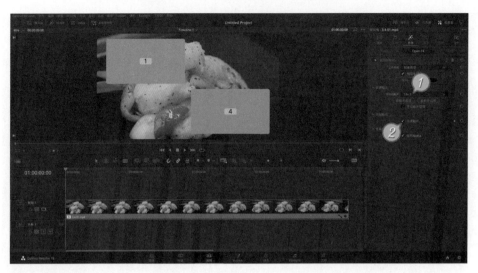

图3-30

提示
Point out

在"自定义大小/形状"卷展栏中可以单独设置每个贴片的大小和形状。

05 展开"贴片动画"卷展栏，取消"应用于所有贴片"复选框的勾选，在"飞行动画"
下拉菜单中选择"向左飞行"，在"收缩动画"下拉菜单中选择"收缩宽度"；把播
放头拖动到0秒处，设置"飞行进程"参数为1，"旋转进程"参数为−360，然后单击
◆ 按钮为这两个参数创建关键帧，如图3-32所示。

图3-31

图3-32

06 将播放头拖动到2秒处，设置"飞行进程"和"旋转进程"参数均为0，如图3-33所示，这样第一个贴片就会在片段开始播放时由左至右旋转飞入画面。把播放头拖动到6秒处，单击"收缩进程"和"淡入淡出进程"参数右侧的 ◆ 按钮创建关键帧，如图3-34所示。

图3-33　　　　　　　　　　　　图3-34

07 将播放头拖动到8秒处，设置"收缩进程"和"淡入淡出进程"参数均为1，让第一个贴片在片段播放到第6秒时逐渐缩小直至淡化消失，如图3-35所示。

▶ **提示**
Point out

在"动画"下拉菜单中选择"向内&向外"，不用创建关键帧就能自动生成贴片进入和离开画面的动画，但是这种自动生成的动画不能自由控制贴片进入画面的时间。

08 在"活动的贴片"下拉菜单中选择"Tile4"，在"贴片动画"卷展栏的"收缩动画"下拉菜单中选择"收缩宽度"；将播放头拖动到1秒处，设置"飞行进程"参数为1，"旋转进程"参数为360，然后为这两个参数创建关键帧，如图3-36所示。

图3-35　　　　　　　　　　　　图3-36

09 将播放头拖动到3秒处，设置"飞行进程"和"旋转进程"参数均为0；把播放头拖动到7秒处，为"收缩进程"和"淡入淡出进程"参数创建关键帧，如图3-37所示；将播放头拖动到9秒处，设置"收缩进程"和"淡入淡出进程"参数均为1，如图3-38所示。

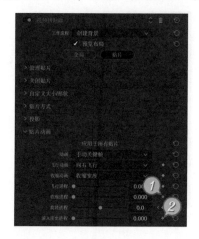 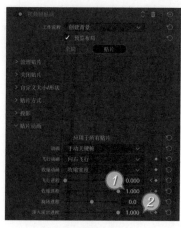

图3-37 图3-38

10 贴片的动画设置完成了，接下来我们就要给贴片分配各自的画面。把播放头拖动到0帧处，在媒体池里选中第二个视频素材后按F12键将它叠加到新建的轨道上。重复前面的操作，把媒体池里的第三个视频素材叠加到新建的轨道上，如图3-39所示。

11 选中"V1"轨道上的片段，按快捷键Ctrl+C复制片段，接下来同时选中"V2"和"V3"轨道上的片段，按快捷键Alt+V，在弹出的"粘贴属性"窗口中勾选"插件"复选框，然后单击"应用"按钮，如图3-40所示。

图3-39 图3-40

12 选中"V2"轨道上的片段，在"检查器"面板中单击"特效"选项卡，取消"预览布局"复选框的勾选，在"工作流程"下拉菜单中选择"创建贴片"，在"活动的贴片"下拉菜单中选择"Tile1"，如图3-41所示。

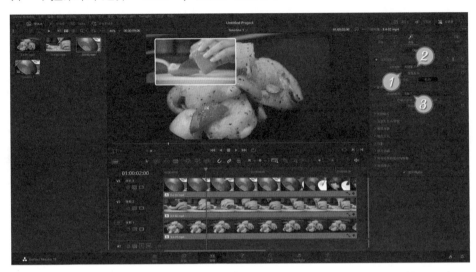

图3-41

13 选中"V3"轨道上的片段，在"检查器"面板中单击"特效"选项卡，取消"预览布局"复选框的勾选，在"工作流程"下拉菜单中选择"创建贴片"，在"活动的贴片"下拉菜单中选择"Tile4"，如图3-42所示。

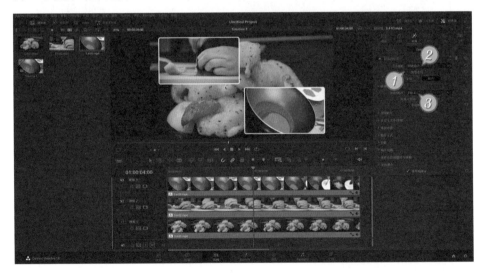

图3-42

> **提示**
> Point out
>
> 单击"检查器"面板右上角的···按钮，在弹出的选项中可以选择删除片段上的所有特效，或者把片段的所有参数恢复为默认值。

3.5 纹理滤镜：模拟怀旧风格的老电影

有的视觉特效需要叠加很多效果器才能实现，这就要求我们多动手实践，熟悉每种效果器的适用范围。本节将综合运用胶片损坏、胶片光晕、添加闪烁等效果器，模拟怀旧风格的胶片老电影效果。

01 在达芬奇里新建一个项目，按快捷键Ctrl+I导入实例教学素材，然后把媒体池里的第一个视频素材插入时间线上。展开"特效库"面板，双击应用"Fusion特效"中的"CCTV"效果器，如图3-43所示。

图3-43

02 展开"检查器"面板后单击"特效"选项卡，在"版本"选项中选择2，然后删除文本框里的所有文字，设置"Noise"参数为0.45，"色彩"参数为0.04，"扫描线频率"参数为15，如图3-44所示。继续展开"Right Text"和"Left Text"卷展栏，把文本框里的所有文字删除。

03 在"特效库"面板中把"调整片段"拖动到"V2"轨道上，在时间线面板上拖曳调整片段右侧的边框，与视频素材的时长对齐，如图3-45所示。

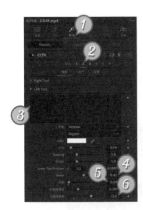

图3-44   图3-45

04 在"特效库"面板中把"Resolve FX纹理"中的"胶片损坏"效果器拖曳到调整片段
上。在"检查器"面板中单击"Open FX"选项卡，设置"胶片模糊"参数为0.12，"色
调变化"参数为−0.2，在"添加暗角"卷展栏中设置"焦点系数"和"几何系数"参
数均为0.3，在"添加污迹"卷展栏中设置"污迹密度"参数为4，如图3-46所示。

▶ **提示**
Point out 把光标移动到"特效库"面板中的效果器名称上，检视器里就会显示应用效果器后的
结果，在效果器名称上左右拖动鼠标，还能看到应用特效后的动态效果。

05 在"特效库"面板中双击应用"Resolve FX光线"中的"胶片光晕"效果器。在"检查
器"面板中设置"阈值"参数为0.25，展开"二次辉光"卷展栏，设置"强度"参数为
0.2，如图3-47所示。

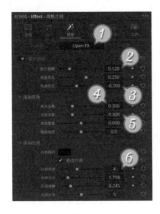

图3-46   图3-47

06 接下来利用效果器模拟老旧胶片的闪烁、晃动、低帧率等特性。在"特效库"面板中双击应用"Resolve FX色彩"中的"添加闪烁"效果器。在"检查器"面板中设置"范围"参数为0.1，"速度"参数为0.5，如图3-48所示。

07 在"特效库"面板中双击应用"Resolve FX变换"中的"摄影机晃动"效果器。在"检查器"面板中设置"运动幅度"参数为0.4，"运动速度"参数为0.5，"运动模糊"参数为0.2，如图3-49所示。

图3-48

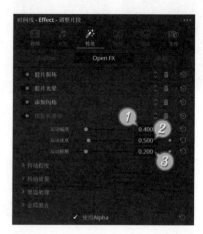

图3-49

08 在"特效库"面板中双击应用"Resolve FX时域"中的"定格动画"效果器。在"检查器"面板中设置"重复帧数"参数为4，如图3-50所示。

图3-50

3.6 风格滤镜：把素材转换成手绘风格

和Photoshop一样，达芬奇里也有图层的概念。例如，在时间线中，上层轨道的画面会遮挡下层轨道的显示。在"检查器"面板中，片段首先会应用最上层的效果器，然后再应用下一层的效果器。除此之外，我们还能利用不透明度参数控制轨道遮挡下层的程度，利用混合参数控制效果器作用在片段上的程度。本节就利用这些特性，制作水墨风格的画面逐渐上色，然后转换成实拍素材的效果。

01 在达芬奇里新建一个项目，按快捷键Ctrl+I导入实例教学素材，然后把媒体池里的第一个视频素材插入时间线上。展开"特效库"面板，双击应用"Resolve Fx风格化"中的"风格化"效果器，如图3-51所示。

图3-51

02 展开"检查器"面板后单击"特效"选项卡，在"风格"下拉菜单中选择"中国毛笔"，设置"风格化比例"参数为4，展开"全局混合"卷展栏，把播放头拖动到1秒处后为"混合"参数创建关键帧；把播放头拖动到5秒处，设置"混合"参数为0，如图3-52所示，这样画面就会从水墨风格逐渐过渡成正常效果。

图3-52

03 在"特效库"面板中双击应用"Resolve Fx风格化"中的"铅笔素描"效果器，在"检查器"面板中勾选"彩色素描"复选框，设置"画笔力度"参数为5，"画笔检测阈值"参数为0.1；展开"素描色调控制"卷展栏，设置"色调调整幅度"参数为0.5，"阴影级别"参数为0.7，"更多阴影"参数为0.01，如图3-53所示。

图3-53

04 展开"全局混合"卷展栏，把播放头拖动到5秒处后为"混合"参数创建关键帧，如图3-54所示，把播放头拖动到9秒处，设置"混合"参数为0。

图3-54

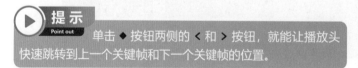

提示 Point out　单击 ◆ 按钮两侧的 < 和 > 按钮，就能让播放头快速跳转到上一个关键帧和下一个关键帧的位置。

05 在"特效库"面板中双击应用"Resolve Fx风格化"中的"抽象画"效果器，在"检查器"面板中设置"预模糊"参数为0.3，"抽象强度"参数为0.1，"重复抽象"参数为10；在"量化控制"卷展栏中勾选"量化"复选框，设置"步数"参数为10，如图3-55所示。

图3-55

06 在"绘制边缘控制"卷展栏中设置"边缘强度"参数为6，"边缘检测阈值"参数为0，如图3-56所示。展开"全局混合"卷展栏，把播放头拖动到3秒处后为"混合"参数创建关键帧；把播放头拖动到7秒处，设置"混合"参数为0，如图3-57所示。

图3-56 图3-57

07 在"特效库"面板中双击应用"Resolve Fx风格化"中的"暗角"效果器，在"检查器"面板中设置"柔化"参数为0.75；展开"全局混合"卷展栏，把播放头拖动到1秒处后为"混合"参数创建关键帧；把播放头拖动到9秒处，设置"混合"参数为0，如图3-58所示。

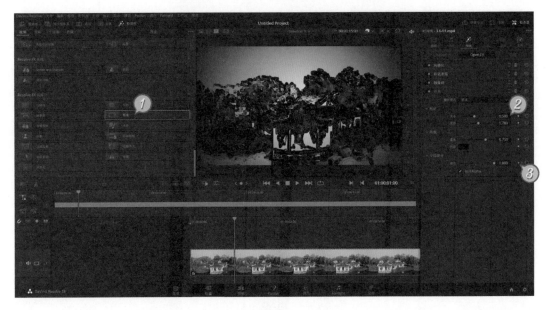

图3-58

3.7 特效组合：模拟镜头动态对焦效果

在本节中，我们首先使用摄影机晃动和镜头模糊效果器，结合关键帧功能模拟镜头动态对焦的效果，然后利用调整片段在画面上添加取景边框。调整片段相当于一个透明的覆盖图层，为这个图层设置的属性变化或者是添加的效果器，可以同时作用于所有下层轨道上。

01 在达芬奇里新建一个项目，按快捷键Ctrl+I导入实例教学素材，切换到"剪辑"页面，然后把媒体池里的第一个视频素材插入时间线上。首先利用关键帧制作画面缩放的效果，把播放头拖动到4秒处，展开"检查器"面板，单击"缩放"参数右侧的 ◆ 按钮创建关键帧，如图3-59所示。

02 把播放头拖动到5秒处，设置"缩放"参数为1.2；把播放头拖动到6秒处，设置"缩放"参数为 1；把播放头拖动到7秒20帧处，单击 ◆ 按钮插入一个关键帧；把播放头拖动到9秒处，设置"缩放"参数为1.3；把播放头拖动到10秒10帧处，设置"缩放"参数为1，如图3-60所示。

图3-59

03　展开"特效库"面板，双击应用"Resolve FX变换"中的"摄影机晃动"效果器。
在"检查器"面板中单击"特效"选项卡，设置"运动幅度"参数为0.3，"运动速
度"参数为0.2；在"黑边处理"卷展栏的"边框类型"下拉菜单中选择"反射"。如
图3-61所示。

图3-60　　　　　　　　　　　　　　　　　　　图3-61

04　在"特效库"面板中双击应用"Resolve FX模糊"中的"镜头模糊"效果器。在"检
查器"面板的"控制"卷展栏中设置"高光"参数为0.6，"折反射"参数为0.3；接下

来制作画面模糊动画，把播放头拖动到4秒处，设置"模糊大小"参数为0后创建关键帧；把播放头拖动到5秒处，设置"模糊大小"参数为4。如图3-62所示。

图3-62

05 把播放头拖动到6秒处，设置"模糊大小"参数为0；把播放头拖动到7秒20帧处，单击◆按钮插入一个关键帧；把播放头拖动到9秒处，设置"模糊大小"参数为5；把播放头拖动到10秒10帧处，设置"缩放"参数为0，如图3-63所示。

06 在"特效库"面板中双击应用"Resolve FX风格化"中的"暗角"效果器。在"检查器"面板中设置"大小"参数为0.8，如图3-64所示。

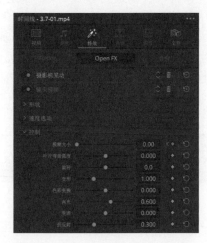

图3-63

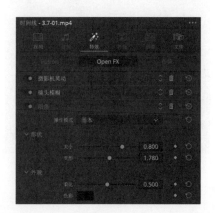

图3-64

07 在特效库的左侧单击"特效"选项卡，双击应用"Fusion特效"中的"Video Camera"效果器。按空格键预览项目就会发现，之前添加的所有效果器都会作用到取景器上，因此无法得到我们想要的效果，如图3-65所示。

图3-65

08 在"检查器"面板中单击"Fusion"选项卡，然后单击"Video Camera"右侧的圆形开关将它关闭。在特效库中将"调整片段"拖动到时间线的新轨道上，拖动调整片段右侧的边框，与"V1"轨道的片段时长对齐，如图3-66所示。

图3-66

09 选中"V1"轨道上的片段后按快捷键Ctrl+C复制片段，接下来选中"V2"轨道上的调整片段，按快捷键Alt+V，在弹出的"粘贴属性"窗口中勾选"插件"和"Fusion"复选框。在"检查器"面板中单击"特效"选项卡，开启"Video Camera"效果器，如图3-67所示。

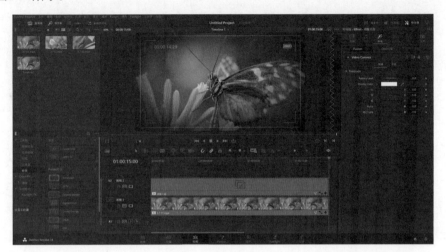

图3-67

10 单击"Open FX"选项卡，单击 🗑 按钮将"镜头模糊"和"暗角"效果器删除，最终的效果如图3-68所示。

图3-68

DAVINCI RESOLVE 18

达芬奇
视频剪辑与调色

第4章

添加转场：
让画面的转换更流畅

一部完整的视频作品是由很多个相互衔接的片段和镜头组成的，不同镜头间的过渡和转换效果就是转场。好的转场不但能让镜头间的过渡更自然，还能增强视频作品的条理性和观赏性。达芬奇自带了很多转场预设，利用这些预设就能轻松制作各种各样的转场效果。除此之外，我们还可以综合运用关键帧、效果器、调整片段等功能进一步提高转场效果的表现力。

4.1 熟悉转场：添加和编辑转场的方法

因为设计思路的原因，达芬奇的添加转场操作与其他视频编辑软件有所不同，以至于很多新用户还以为达芬奇的转场功能有bug。本节就来介绍在达芬奇中添加和编辑转场的方法。

01 在达芬奇里新建一个项目，按快捷键Ctrl+I导入实例教学素材，然后把媒体池里的所有视频素材插入时间线上。在页面的左上方展开转场面板，把"交叉淡化"转场预设拖曳到时间线上。可以发现，转场只能添加到第一个片段的开始处和最后一个片段的结尾处，如图4-1所示。

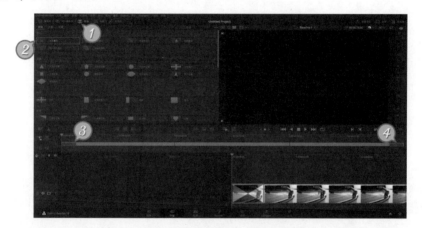

图4-1

02 单击时间线工具栏上的█按钮，可以把转场面板里选中的转场添加到第一个片段的结尾处。把播放头拖动到前两个片段的交接处，单击时间线工具栏上的█和█按钮，就能把转场添加到第二个片段的开始和结尾处，如图4-2所示。

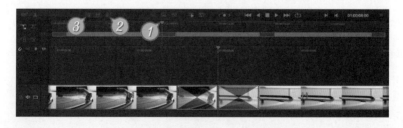

图4-2

03 虽然片段的首尾都添加了转场，但是按空格键预览项目就会发现，片段的交接处只能产生淡出后淡入的转场效果，两个片段的画面并没有叠加到一起。按住Ctrl键选中新添加的3个转场，然后按Delete键将它们删除，如图4-3所示。

图4-3

04 把播放头拖动到6秒处，单击时间线工具栏上的 ✂ 按钮分割片段。继续在9秒、15秒和18秒处分割视频，然后按住Ctrl键选中如图4-4所示的4个片段，按Delete键将它们删除。

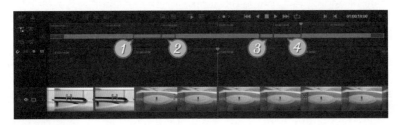

图4-4

> ▶ **提示**
> Point out
>
> 　　要想在两个片段之间添加转场，我们需要使用分割片段或者拖曳片段边框的方式，在交接处把两个片段的时长分别修剪掉一部分。

05 现在把转场面板中的"交叉淡化"转场拖动到前两个片段的交接处，就能顺利添加转场效果了。把播放头拖动到后两个片段的交接处，单击时间线工具栏上的 ▦ 按钮，可以把转场面板里选中的转场添加到两个片段之间。在默认设置下，新添加的转场时长是1秒，在时间线上选中转场后拖曳转场的边框，就能修改转场的时长，如图4-5所示。

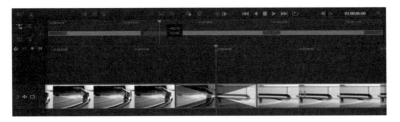

图4-5

06 把转场面板中的另一个转场预设拖动到时间线的转场上，就能更改转场类型。也可以在时间线上选择一个转场，展开"检查器"面板后在"转场类型"下拉菜单中切换不同的转场。

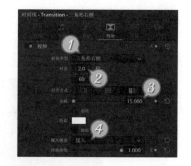

图4-6

07 在时间线上选中第一个转场，展开"检查器"面板，在"转场类型"下拉菜单中选择"三角形右侧"，设置"时长"参数为2，"边框"参数为15，在"缓入缓出"下拉菜单中选择"缓入"，如图4-6所示。

08 选中第二个转场，在"转场类型"下拉菜单中选择"椭圆展开"，设置"时长"参数为2，"边框"参数为15，在"缓入缓出"下拉菜单中选择"缓入与缓出"，如图4-7所示。

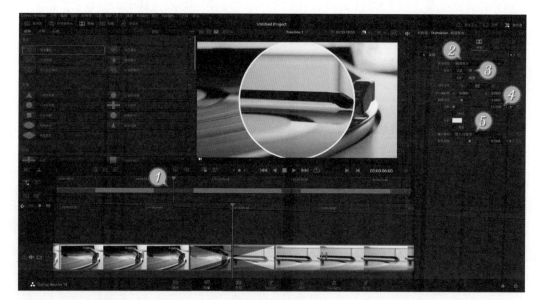

图4-7

09 选中第三个转场，在"转场类型"下拉菜单中选择"中心划像"，设置"时长"参数为2，"边框"参数为15，勾选"倒退"复选框后在"缓入缓出"下拉菜单中选择"缓入与缓出"，如图4-8所示。

10 选中最后一个转场，在"转场类型"下拉菜单中选择"三角形左侧"，设置"时长"参数为2，"边框"参数为15，在"缓入缓出"下拉菜单中选择"缓出"，如图4-9所示。

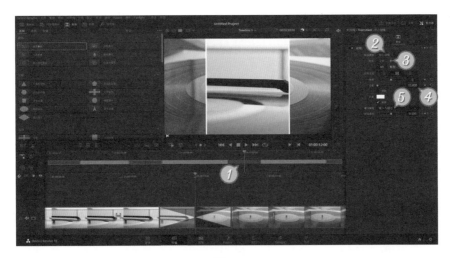

图4-8

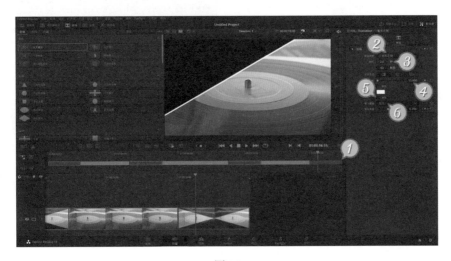

图4-9

4.2 黑场过渡：简单又实用的转场手段

制作转场效果的方法多种多样，不一定非要局限于转场预设。本节将使用不同的方法制作黑场过渡转场，这种转场效果用纯色画面作为镜头间的切换，在混剪视频和预告片中运用得比较广泛。

01 在达芬奇里新建一个项目，按快捷键Ctrl+I导入实例教学素材，然后把媒体池里的所有视频素材插入时间线上。第一种制作黑场过渡效果的方法是切换到"剪辑"页面，把光标移动到片段的缩略图上，缩略图上就会出现两个白色滑块，把两个滑块都拖动到4秒处，就能得到黑场过渡效果，如图4-10所示。

图4-10

02 第二种制作黑场过渡效果的方法是使用交叉叠化转场。拖曳片段缩略图上的白色滑块，恢复初始状态。执行"DaVinci Resolve"菜单中的"偏好设置"命令，在打开的"剪辑"窗口中单击"用户"选项卡，在窗口左侧单击"剪辑"选项，设置"标准转场时长"参数为4后单击"保存"按钮，如图4-11所示。

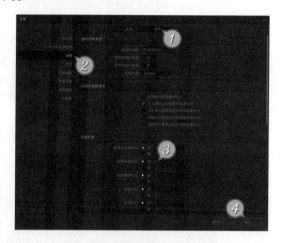

图4-11

03 切换到"快编"页面，展开转场面板后选中"交叉叠化"预设。把播放头拖动到第一个片段上，单击时间线工具栏上的▯和▯按钮，把转场添加到片段的开始和结尾处。重复前面的操作，为所有片段的开始和结尾处都添加交叉叠化转场，如图4-12所示。

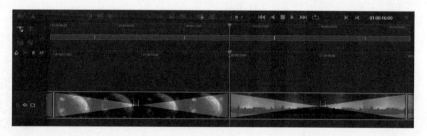

图4-12

04 以上两种方法制作的黑场过渡效果，其进入和退出黑场的速度都是线性的，缺乏变化和视觉张力；如果项目中的片段数量很多，那么操作起来也比较烦琐。删除所有的转场后把播放头拖动到4秒处，展开"检查器"面板，在"合成"选项组中单击"不透明度"参数右侧的 ◆ 按钮创建关键帧，如图4-13所示。

图4-13

05 把播放头拖动到0帧处，设置"不透明度"参数为0。把播放头拖动到8秒处，设置"不透明度"参数为0。

06 切换到"剪辑"页面，单击第一个片段缩略图右下角的 ∿ 按钮，选中三个关键帧后单击 ⌃ 按钮，如图4-14所示。

图4-14

▶ **提示**
Point out
单击 ∿ 按钮后，需要将时间线放大到足够的长度，才能显示出用来切换关键帧插值类型的按钮。

07 选中第一个片段后按快捷键Ctrl+C复制片段，框选剩余的所有片段后按快捷键Alt+V，在弹出的"粘贴属性"窗口中勾选"不透明度"复选框后单击"应用"按钮，如图4-15所示。这样就得到了带有缓入缓出变化的黑场过渡。

08 如果需要制作白场过渡效果，可以框选所有的片段，在时间线上把选中的片段向上移动到"V2"轨道上。展开"特效库"面板，单击"特效"选项后把"调整片段"拖动到"V1"轨道上。如图4-16所示。

图4-15

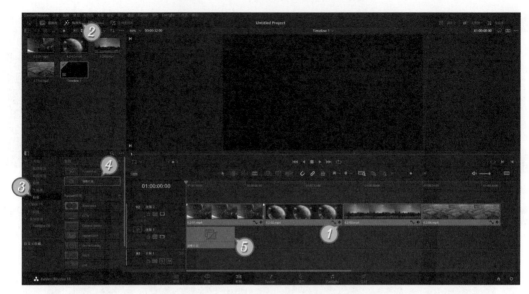

图4-16

09 拖曳调整片段右侧的边框，与"V2"轨道的时长对齐。在"特效库"面板中单击"滤镜"选项，把"Resolve FX生成"中的"色彩生成器"拖动到调整片段上。在"检查器"面板中单击"特效"选项卡，利用"色彩"颜色框就能随意修改过渡的背景颜色。如图4-17所示。

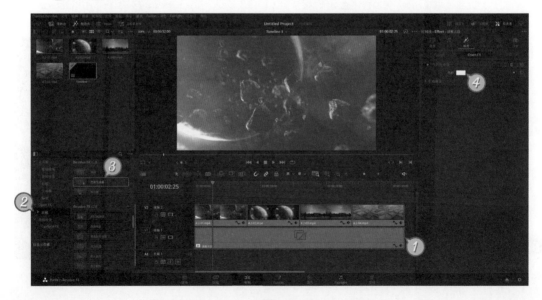

图4-17

4.3 水墨转场：利用合成模式制作转场

极具中国风的动态水墨特效在各种类型的视频作品中都有着非常广泛的应用，本节就利用水墨泼溅的视频素材配合轨道合成模式，经过很简单的几个步骤制作出漂亮的动态水墨转场效果。

01 在达芬奇里新建一个项目，按快捷键Ctrl+I导入实例教学素材，切换到"剪辑"页面，把媒体池里的第一个视频素材插入时间线上，把媒体池里的"水墨01.mp4"素材拖动到"V2"轨道上，然后把入点拖动到4秒处，如图4-18所示。

图4-18

02 把播放头拖动到4秒处，选中"V1"轨道上的片段，按快捷键Ctrl+B分割片段；把"V1"轨道上的第二个片段向上拖动到"V3"轨道上，然后把媒体池里的第二个视频素材拖动到"V1"轨道上。如图4-19所示。

图4-19

03 把媒体池里的"水墨02.mp4"素材拖动到"V2"轨道上，把入点拖动到12秒处。把播放头拖动到12秒处，选中"V1"轨道上的第二个片段，按快捷键Ctrl+B分割片段。把

"V1" 轨道上的第三个片段向上拖动到 "V3" 轨道上，把媒体池里的第三个视频素材拖动到 "V1" 轨道上。如图4-20所示。

图4-20

04 把媒体池里的 "水墨03.mp4" 素材拖动到 "V2" 轨道上，把入点拖动到20秒处。把播放头拖动到20秒处，选中 "V1" 轨道上的第三个片段，按快捷键Ctrl+B分割片段。把 "V1" 轨道上的第四个片段向上拖动到 "V3" 轨道上，把媒体池里的第四个视频素材拖动到 "V1" 轨道上。如图4-21所示。

图4-21

05 框选 "V3" 轨道上的三个片段，展开 "检查器" 面板，在 "合成" 选项组的 "合成模式" 下拉菜单中选择 "前景"，如图4-22（左）所示。框选 "V2" 轨道上的三个片段，在 "合成模式" 下拉菜单中选择 "亮度"，如图4-22（右）所示。按空格键预览项目，就能看到水墨转场效果。

图4-22

06 接下来我们还可以使用效果器进一步增强水墨的效果。把"V3"轨道上的三个片段向上拖动到"V4"轨道上，按住Alt键不放，把"V2"轨道上的三个片段复制到"V3"轨道上，如图4-23所示。

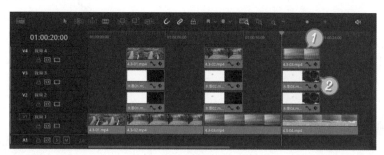

图4-23

07 展开"特效库"面板，把"Resolve FX风格化"中的"抽象画"效果器拖动到"V2"轨道的第一个片段上。展开"检查器"面板后单击"特效"选项卡，设置"抽象强度"参数为0，勾选"量化"复选框，设置"边缘强度"参数为6，"边缘检测阈值"参数为0。如图4-24所示。

图4-24

08 按快捷键Ctrl+C复制"V2"轨道上的第一个片段，选中其余五个水墨片段，按快捷键Alt+V后在弹出的"粘贴属性"窗口中勾选"插件"复选框。框选"V2"轨道上的三个片段，在"检查器"面板的"合成模式"下拉菜单中选择"添加"，如图4-25所示。

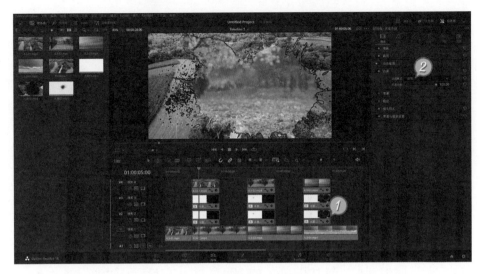

图4-25

4.4 光晕转场：利用调整片段制作转场

在本节中，我们使用两种方法制作光晕转场效果。第一种方法是直接使用现成的镜头光晕素材，优点是制作起来非常简单，转场效果的好坏主要取决于素材的质量。第二种方法使用调整片段配合镜头光斑特效器制作光晕转场效果，优点是不用购买或寻找素材，光晕效果还可以随意调整。

01 在达芬奇里新建一个项目，按快捷键Ctrl+I导入实例教学素材，然后把媒体池里的前四个视频素材插入时间线上。接下来选中三个光晕视频素材，将它们拖曳到"V2"轨道上。如图4-26所示。

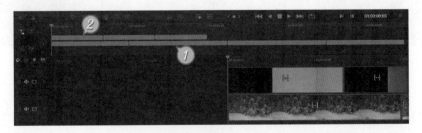

图4-26

02 选中"V2"轨道上的第一个片段，将入点拖动到2秒20帧处，将第二个片段的入点拖动到7秒20帧处，将第三个片段的入点拖动到12秒20帧处。框选"V2"轨道上的三个片段，展开"检查器"面板，在"合成"选项组的"合成模式"下拉菜单选择"滤色"，光晕转场就制作完成了。如图4-27所示。

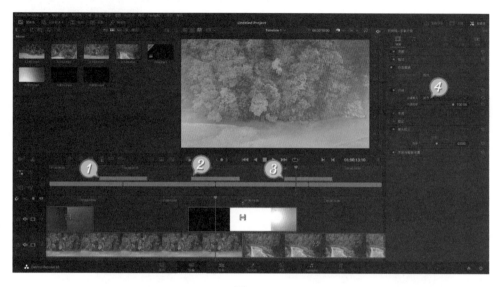

图4-27

03 接下来我们用第二种方法制作光晕转场。把"V2"轨道上的三个片段删除后展开"特效库"面板，然后把"调整片段"拖动到"V2"轨道上，接下来把调整片段的入点拖动到3秒处，把出点拖动到5秒处，如图4-28所示。

图4-28

04 在"特效库"面板中把"Resolve FX光线"中的"镜头光斑"效果器拖动到调整片段上。在"检查器"面板中单击"特效"选项卡，在"镜头光晕预设"下拉菜单中选择"车前灯"，在"合成类型"下拉菜单中选择"滤色"，勾选"光源遮罩"复选框，设置"遮罩阈值"参数为0.07，如图4-29所示。

05 在"位置"卷展栏中设置"位置X"参数为0，"位置
Y"参数为1，在"全局校正"卷展栏中设置"全局缩
放"参数为3，"全局亮度"参数为2，在"元素"卷
展栏中设置"眩光亮度"参数为0，如图4-30所示。在
"显示控制为"下拉菜单中选择"放射光线"，设置
"放射光线大小"参数为0.4，"放射光线分裂角度"
参数为0.6，如图4-31所示。

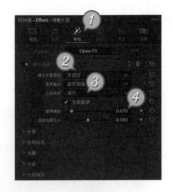

图4-29

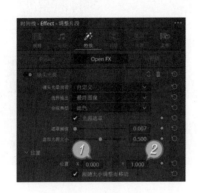

图4-30

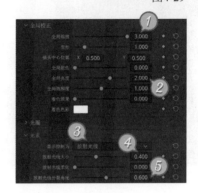

图4-31

06 在"显示控制为"下拉菜单中选择"重影1"，设置"大小"参数为0.2，如图4-32所
示。把播放头拖动到3秒处，在"显示控制为"下拉菜单中选择"全屏炫光"，单击
"位置"和"眩光亮度"参数右侧的 ◆ 按钮创建关键帧，如图4-33所示。

图4-32

图4-33

07 将播放头拖动到4秒处，设置"眩光亮度"参数为1，如图4-34所示。将播放头拖动到5秒处，设置"眩光亮度"参数为0，设置"位置X"参数为1，"位置Y"参数为0，如图4-35所示。这样，第一个光晕转场就制作完成了。

图4-34   图4-35

08 按快捷键"Ctrl+C"复制调整片段，把播放头拖动到8秒处，按快捷键"Ctrl+V"粘贴片段。在"检查器"面板中设置"位置X"参数为0，"位置Y"参数为1，如图4-36所示。把播放头拖动到8秒处，设置"位置X"参数为1，"位置Y"参数为0，如图4-37所示。

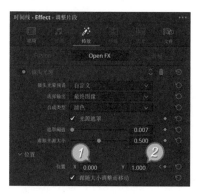 

图4-36   图4-37

09 把播放头拖动到13秒处，按快捷键Ctrl+V再次粘贴调整片段。在"检查器"面板中设置"位置X"参数为1，"位置Y"参数为0.5，如图4-38所示。把播放头拖动到13秒处，设置"位置Y"参数为0.5，如图4-39所示。

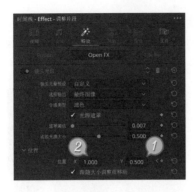

图4-38   图4-39

4.5　噪波故障：将转场和特效结合起来

本节将综合利用达芬奇的转场预设、调整片段和效果器功能，共同模拟视频讯号发生故障时产生的噪波、失真等现象，这种效果经常被用在科技、科幻、体育等题材的视频作品中。

01 在达芬奇里新建一个项目，按快捷键Ctrl+I导入实例教学素材。在媒体池里双击第一个视频素材，在检视器中拖曳进度条下方的白色滑块，将视频素材的出点拖动到4秒处，然后插入时间线上，如图4-40所示。

图4-40

02 双击第二个视频素材，将入点拖动到1秒处、将出点拖动到6秒处后插入时间线上。双击第三个视频素材，将入点拖动到1秒处后插入时间线上。展开转场面板，把"Fusion转场"中的"Camera Shake"转场预设拖动到前两个片段的相交处，如图4-41所示。

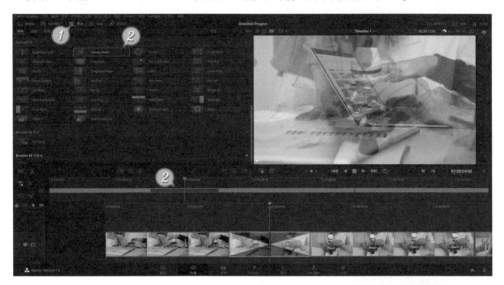

图4-41

03 展开"检查器"面板，设置"Shake Speed"和"Shake Strength"参数均为0，如图4-42所示。

04 把转场面板中的"Camera Shake"转场预设拖动到后两个片段的相交处，在"检查器"面板中设置"Shake Speed"和"Shake Strength"参数均为0。

05 接下来利用调整片段和效果器给转场时的画面添加更多的噪波和失真。展开"特效库"面板，把"调整片段"拖动到"V2"轨道上，把调整片段的入点拖动到3秒处，把出点拖动到5秒处，如图4-43所示。

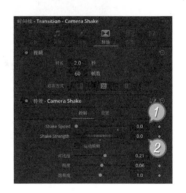

图4-42

06 先把"Fusion特效"中的"Digital Glitch"效果器拖动到调整片段上，然后双击应用"Resolve FX纹理"中的"模拟信号故障"效果器。在"检查器"面板中单击"特效"选项卡，在"预设"下拉菜单中选择"空白（无特效）"；展开"广播信号"卷展栏，设置"噪波比例"参数为0.8，"信号噪声"和"色度噪声"参数均为0.5；展开"扫描线"卷展栏，设置"扫描线锐度"参数为0.35，"扫描线频率"参数为15。如图4-44所示。

图4-43

07 在"检查器"面板中单击"视频"选项卡,把播放头拖动到4秒处,在"合成"选项组中设置"不透明度"参数为60后单击 ◆ 按钮创建关键帧,如图4-45所示。把播放头拖动到3秒处,设置"不透明度"参数为0。把播放头拖动到5秒处,设置"不透明度"参数为0。

图4-44

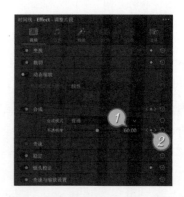

图4-45

08 切换到"剪辑"页面,单击调整片段右下角的 ↘ 按钮,选中三个关键帧后单击 ⌃ 按钮,如图4-46所示。

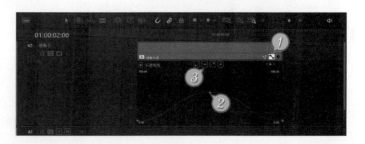

图4-46

09 选中调整片段后按快捷键Ctrl+C复制片段，把播放头拖动到8秒处，按快捷键Ctrl+V粘贴调整片段，结果如图4-47所示。

图4-47

4.6 连续翻页：利用转场实现视觉特效

除了在不同的镜头间产生过渡效果以外，我们也可以利用转场预设制作一些特殊的视觉特效。本节就使用最简单的滑动转场预设制作连续翻页的动画效果。

01 在达芬奇里新建一个项目，按快捷键Ctrl+I导入实例教学素材。执行"DaVinci Resolve"菜单中的"偏好设置"命令，打开"剪辑"窗口后单击"用户"选项卡，在窗口左侧单击"剪辑"选项，设置"标准转场时长"和"标准静帧时长"参数均为2，设置完成后单击"保存"按钮，如图4-48所示。

02 选中媒体池里的所有图片素材，按F9键插入时间线上。在时间线上分别拖曳第一个和最后一个片段的边框，将这两个

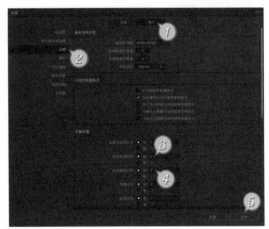

图4-48

片段的时长设置为1秒。按快捷键Ctrl+A选中所有片段，展开转场面板，在"滑动"转场预设上右击，在弹出的快捷菜单中执行"添加到所选编辑点和片段"命令，如图4-49所示。

03 按住Ctrl键选中所有转场，展开"检查器"面板，在"预设"下拉菜单中选择"滑动，从上往下"，在"缓入缓出"下拉菜单中选择"缓出"，勾选"羽化"复选框，设置"边框"参数为100，"运动模糊"参数为1，如图4-50所示。

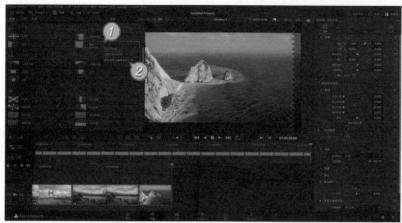

图4-49

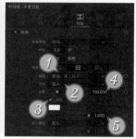

图4-50

04 连续翻页的效果制作完成了，接下来我们还要在一条新的时间线中调整翻页的速度。在媒体池的空白处右击，在弹出的快捷菜单中执行"新建时间线"命令，在弹出的窗口中单击"创建"按钮，把媒体池里的"Timeline1"拖动到新建的时间线上，如图4-51所示。

图4-51

05 切换到"剪辑"页面，在片段上右击，在弹出的快捷菜单中执行"变速控制"命令。单击片段缩略图下方的▼按钮，在弹出的快捷菜单中选择"更改速度/400%"选项，如图4-52所示。

06 我们还可以使用变速曲线让翻页的速度越来越快。把播放头拖动到4秒22帧处，单击片段缩略图下方的▼按钮，在弹出的快捷菜单中选择"添加速度点"选项，如图4-53所示。

图4-52

图4-53

07 在片段上右击，在弹出的快捷菜单中执行"变速曲线"命令，选中新添加的速度点后单击 按钮，继续拖动速度点两侧的手柄，让曲线的弧度变成最大，最后向下拖动速度点控制加速的幅度，如图4-54所示。

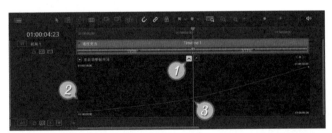

图4-54

4.7 多彩转场：自己动手制作转场素材

本节使用纯色生成器配合转场预设，制作由多种彩色图形组成的转场效果。这种转场效果制作起来比较简单，色彩丰富且形式多样，非常适合用在片头和轻松活泼的视频作品中。

01 在达芬奇里新建一个项目，按快捷键Ctrl+I导入实例教学素材，然后把媒体池里的所有视频素材插入时间线上。展开"特效库"面板后单击"生成器"选项卡，把"纯色"生成器拖动到时间线的"V2"轨道上，如图4-55所示。

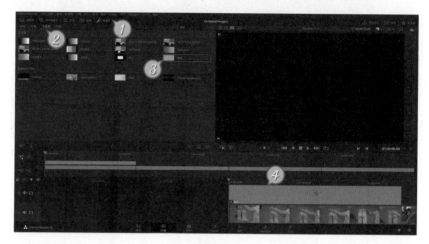

图4-55

02 切换到"剪辑"页面，把纯色片段的入点拖动到4秒5帧处，继续在纯色片段上右击，在弹出的快捷菜单中执行"更改片段时长"命令，在打开的窗口中设置"时长"为1秒20帧。展开"检查器"面板，设置"色彩"为红色=159，绿色=217，蓝色=231。如图4-56所示。

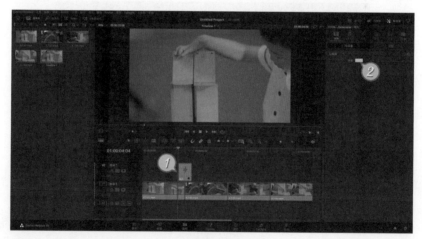

图4-56

03 切换到"剪辑"页面，按住Alt键把纯色片段复制到"V3"轨道上。在"检查器"面板中设置"色彩"为红色=223，绿色=243，蓝色=179。在"V3"轨道片段的左侧边框上单击，边框变成绿色显示，按快捷键Shift+. 将左侧边框向右挪动5帧。单击片段右侧的边框，按快捷键Shift+, 将右侧边框向左挪动5帧，结果如图4-57所示。

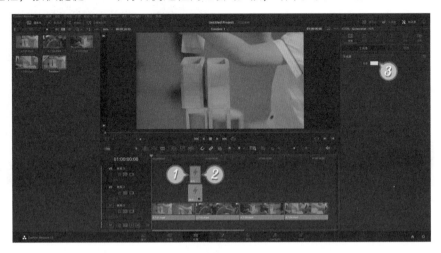

图4-57

提示
Point out

按一下键盘上的"."或","键，可以把片段的边框向右或者是向左挪动一帧。

04 把"V3"轨道上的片段复制到"V4"轨道上，选中"V4"轨道上的片段，挪动片段的边框，把时长设置为1秒，在"检查器"面板中设置"色彩"为红色=255，绿色=213，蓝色=223，如图4-58所示。

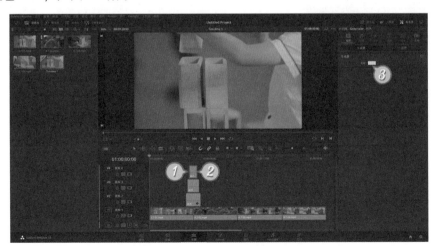

图4-58

05 执行"DaVinci Resolve"菜单中的
"偏好设置"命令,打开"剪辑"窗
口后单击"用户"选项卡,在窗口左
侧单击"剪辑"选项,设置"标准转
场时长"参数为0.5,如图4-59所示。

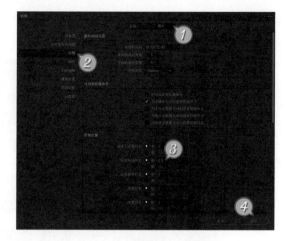

图4-59

06 框选所有纯色片段,展开"特效库"面板后单击"视频转场"选项,在"滑动"转场
预设上右击,在弹出的快捷菜单中执行"添加到所选编辑点和片段"命令。按住Ctrl键
选取片段左侧的三个转场,在"检查器"面板中设置"边框"参数为30,在"缓入缓
出"下拉菜单中选择"缓入",如图4-60所示。

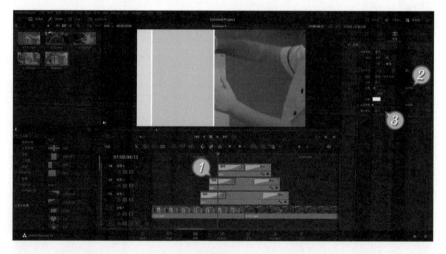

图4-60

07 选中片段右侧的三个转场,在"检查器"面板中设置"边框"参数为30,在"缓入缓
出"下拉菜单中选择"缓出",第一个转场效果就制作完成了。接下来框选所有纯色
片段,按住Alt键把选中的片段拖曳到下一个转场的位置进行复制操作,结果如图4-61
所示。

图4-61

08 按住Ctrl键选中所有复制的转场，在"检查器"面板的"转场类型"下拉菜单中选择"三角形右侧"，如图4-62所示，这样水平运动的转场就会从画面的对角线方向运动。

09 再次按住Alt键把纯色片段连同转场复制到下一个转场的位置，按住Ctrl键选中所有复制的转场，在"检查器"面板的"转场类型"下拉菜单中选择"椭圆展开"，转场的效果如图4-63所示。

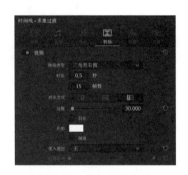

图4-62

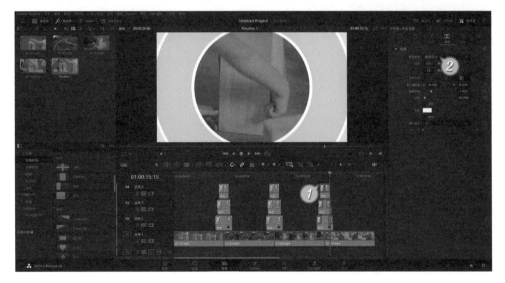

图4-63

DAVINCI RESOLVE 18
达芬奇
视频剪辑与调色

第5章

Fusion：
基于节点的视频合成器

Fusion Studio是一款节点式的视频合成软件，被
Blackmagic Design公司收购后集成到了达芬奇中。
Fusion具有完善的图形绘制、动态跟踪、抠像和三维粒
子等功能，这些功能的加入进一步增强了达芬奇制作视
觉特效的能力。本章就来介绍在Fusion页面中制作特效
的方法。

5.1 | 蒙版动画：熟悉Fusion的制作思路

　　Fusion采用了节点式的工作模式，这种模式的思维方式和操作方法与常规的视频剪辑软件完全不同，以至于很多第一次进入Fusion页面的新用户不知道应该如何入手。本节制作一个比较简单的实例，主要目的是带领读者熟悉Fusion的各项基本操作。

01 在达芬奇里新建一个项目，按快捷键Ctrl+I导入实例教学素材，然后把媒体池里的所有视频素材插入时间线上。切换到"Fusion"页面，在默认设置下，Fusion页面由"检视器"面板、"检查器"面板和节点面板组成，如图5-1所示。

图5-1

02 因为我们已经在时间线里插入了片段，所以节点面板中会出现两个用线段连接到一起的节点。左侧的"Media In"节点是输入节点，在时间线上插入一个片段，或者在Fusion页面的左上角展开"媒体池"面板，把媒体池里的素材拖动到节点面板上，都会生成一个MediaIn节点。右侧的"MediaOut"节点是输出节点。如图5-2所示。可以把每个MediaIn节点想象成一台计算机主机，MediaOut节点则是一台显示器，无论有多少台正在运算的计算机主机，只有连接到显示器上的那台才能显示运算结果。

03 把光标移动到两个节点之间靠近箭头一侧的线段上，线段显示为蓝色后单击线段，就可以断开两个节点的连接关系，如图5-3所示。

图5-2

图5-3

04 在页面的左上角展开"特效库"面板，单击左侧的"Templates"选项，把"Generators"中的"Paper"生成器拖动到节点面板的空白处。把光标移动到"Paper1"节点右侧的方块标志上，按住鼠标左键不放，把连线拖动到"MediaOut1"节点左侧的三角标志上，就能在两个节点之间建立连接，如图5-4所示。

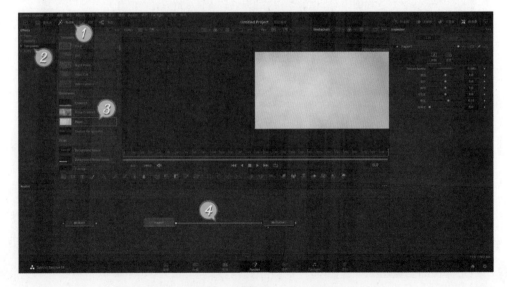

图5-4

> **提示** Point out
>
> 　　节点上的方块和三角形标志就像计算机主机和显示器上的接口，方块标志表示这个接口只能输出信息，三角形标志表示这个接口只能接收信息。

05 在"MediaOut1"节点上只有一个输入接口，这就相当于一台计算机上只提供了一个USB接口，如果我们想把鼠标、键盘、U盘等设备同时插到计算机上，就要使用扩展坞扩充接口，Fusion中的合并节点起到的就是扩展坞的作用。在节点面板的空白处单击，取消所有节点的选择状态。单击节点面板工具栏上的　按钮，创建一个合并节点"Merge1"，然后断开"Paper1"和"MediaOut1"节点之间的连接，如图5-5所示。

图5-5

06 接下来把"Paper1"节点连接到"Merge1"节点的黄色三角形标志上，再把"Merge1"节点连接到"MediaOut1"节点上，这样在检视器中就能看到纸张背景了。继续把"MediaIn1"节点连接到"Merge1"节点的绿色三角形标志上，这样在检视器中又会显示出视频素材，如图5-6所示。

图5-6

> **提示** Point out
>
> 在剪辑和"快编"页面中，用轨道的顺序表示片段间的层级关系，上一层的片段会遮挡下一层的显示。在Fusion页面中则是用不同的颜色表示节点之间的层级关系，连接到绿色三角形标志上的节点位于上层，连接到黄色三角形标志上的节点位于下层，连接到蓝色三角形标志上的节点将作为本节点的遮罩。

07 仔细观察"MediaOut1"节点会发现，节点下方有两个圆点标志，其中右侧的圆点处于白色的激活状态，表示这个节点的效果被输出到右侧的检视器中。把光标移动到"Paper1"节点上，节点下方也会出现圆点标志，激活左侧的圆点，让纸张背景显示在左侧的检视器中，如图5-7所示。

图5-7

> **提示** Point out
>
> 把节点拖曳到一个检视器上，可以在检视器里显示这个节点的效果。选中一个节点后，按"1"键，可以让节点显示在左侧的检视器中；按"2"键，可以让节点显示在右侧的检视器中。

08 选中"Paper1"节点，在"检查器"面板中设置"提升"参数为−0.1，"饱和度"参数为0.15；单击节点面板工具栏上的⬭按钮，创建一个椭圆节点"Ellipse1"，把"Ellipse1"节点连接到"Merge1"节点的蓝色三角形标志上，这样就能添加椭圆形的蒙版。如图5-8所示。

09 选中"Ellipse1"节点，在"检查器"面板中设置"柔边"和"边框宽度"参数均为0.2，设置"宽度"参数为0.7，"高度"参数为0.4，如图5-9所示。单击"Merge1"节点，在"检查器"面板的"应用模式"下拉菜单中选择"正片叠底"，设置"混合"参数为0.8，如图5-10所示。

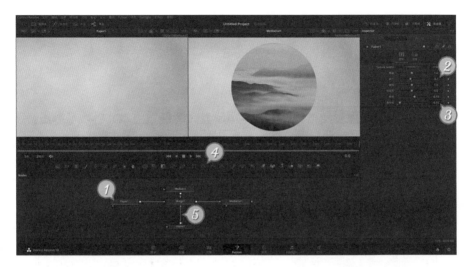

图5-8

图5-9

图5-10

10 把检视器下方的播放头拖动到150帧处，在"检查器"面板中单击"混合"参数右侧的
◆ 按钮创建关键帧；把播放头拖动到10帧处，设置"混合"参数为0；继续把播放头
拖动到290帧处，设置"混合"参数为0。在页面的右上角展开"关键帧"面板，展开
"Merge1"选项，框选三条白色竖线代表的关键帧，在关键帧上右击，在弹出的快捷
菜单中执行"圆滑"命令，如图5-11所示。

11 在页面的左上角展开"片段"面板，按住Ctrl键选中后面两个片段。在第一个片段的缩
略图上右击，在弹出的快捷菜单中执行"Apply Composition"命令，继续在弹出的窗
口中单击"Overwrite"按钮，如图5-12所示，这样我们为第一个片段进行的所有设置
就会复制到剩余两个片段上。

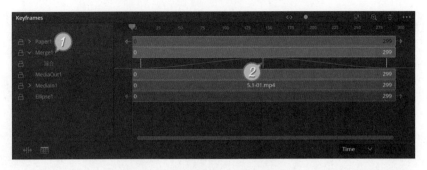

图5-11

图5-12

5.2 Fusion模板：一分钟生成真实雪景

在Fusion的特效库中提供了大量特效模板，不管是镜头光晕效果、各种动态背景和标题动画，还是烟、火、雨、雪等粒子效果，只要单击就能轻松生成。本节就通过一个实例介绍套用和修改特效模板的方法。

01 在达芬奇中新建一个项目，按快捷键Ctrl+I导入实例教学素材，切换到"剪辑"页面。在媒体池的空白处右击，在弹出的快捷菜单中执行"新建Fusion合成"命令，在弹出的"新建Fusion合成片段"窗口中设置"时长"为15秒后单击"创建"按钮，如图5-13所示。

02 把新建的Fusion合成插入时间线上，切换到"Fusion"页面，展开"媒体池"面板，把第一个视频素材拖动到节点面板的空白处以添加节点"MediaIn1"，然后把"MediaIn1"和"MediaOut1"节点连接到一起，如图5-14所示。

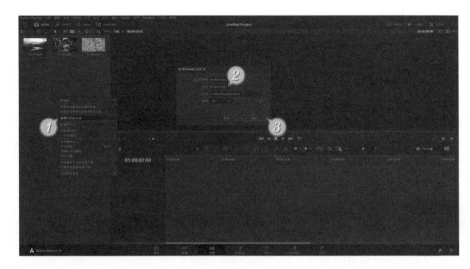

图5-13

图5-14

03 选中"MediaIn1"节点后展开"特效库"面板，在面板左侧选中"Templates/Fusion"
选项，然后单击"Lens Flares"，在面板的右侧单击"Lens Flare V11"预设，这样就会
在"MediaIn1"和"MediaOut1"节点之间插入连接好的预设节点"Lens_Flare_V11"，
如图5-15所示。

04 单击检视器面板右上角的□按钮把两个检视器合并到一起，然后在检视器画面上拖
动坐标轴，把光晕移动到如图5-16所示的位置。展开"检查器"面板，单击"Primary
Center"参数右侧的◆按钮创建关键帧。

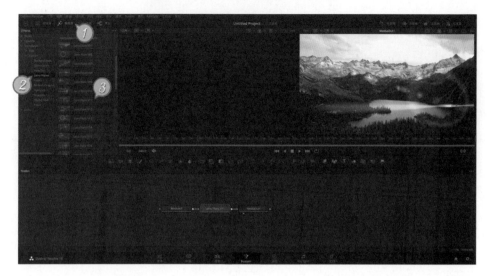

图5-15

05 把播放头拖动到最后一帧处，在检视器画面上把坐标轴移动到如图5-17所示的位置，让镜头光晕跟随视频素材的画面一起运动。

图5-16   图5-17

06 在节点面板中双击"Lens_Flare_V11"节点组将它展开，然后选中"HS11_1"节点。在"检查器"面板中双击展开"HS11_1"选项组，单击页面上方的 **>** 按钮找到"设置"选项卡，设置"混合"参数为0.75，如图5-18所示。继续选中"HS11_2"节点，同样设置"混合"参数为0.75。

07 单击节点组左上角的✕按钮将它关闭。在节点面板的空白处单击，取消所有节点的选择。在"特效库"面板的左侧单击"Particles"选项，然后单击"Show"预设在节点面板中创建一系列的节点，如图5-19所示。

图5-18

图5-19

提 示
Point out

节点数量太多时，可以按 "V" 键显示导航器，通过微缩窗口快速查找节点。也可以按
键盘上的减号或加号键来缩放节点面板。

08 选中 "Lens_Flare_V11" 节点，然后单击节点面板工具栏上的 按钮创建合并节点
"Merge1"，继续把 "Renderer3D2" 节点与 "Merge1" 节点连接到一起，如图5-20
所示。

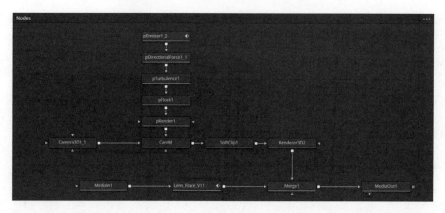

图5-20

09 接下来我们还要对雪粒子进行一些修改。选中"pEmitter1_2"节点，在"检查器"面板中设置"寿命"参数为1000，让雪粒子不会过早消失，如图5-21（左）所示。继续单击"样式"选项卡，在"Size Controls"卷展栏中设置"Size"参数为0.03，如图5-21所示。

 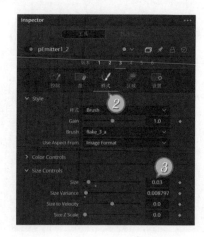

图5-21

10 选中"Renderer3D2"节点，在"检查器"面板中单击"图像"选项卡，设置"宽度"参数为1920，"高度"参数为1080。然后单击节点面板工具栏上的 ● 按钮，创建一个模糊节点，如图5-22所示。

▶ **提示**
Point out
要想让节点排列得整齐一些，我们可以在节点面板的空白处右击，在弹出的快捷菜单中执行"所有工具对齐到网格"命令。

图5-22

5.3 绿幕抠像：视频后期合成必备技能

用绿幕作为拍摄背景，然后在后期合成软件中更换背景或制作特效，这种技术从影视大片到短视频作品几乎都在使用。本节中，我们先利用Fusion的deltakeyer节点抠像，然后使用特效模板和效果器制作电影《黑客帝国》中的字符雨背景。

01 在达芬奇里新建一个项目，按快捷键Ctrl+I导入实例教学素材，然后把媒体池里的第一个视频素材插入时间线上。切换到"Fusion"页面，展开"特效库"面板，单击面板上方的Q按钮，在搜索栏中输入"delta"。确认节点面板中的"MediaIn1"节点被选中，单击"特效库"面板中的"Delta Keyer Delta键控器"创建节点"DeltaKeyer1"，如图5-23所示。

提示
Point out

按快捷键Shift+空格可以打开"Select Tool"窗口，在这个窗口中可以更加方便地添加或查找节点。

图5-23

02 在节点面板中选取"DeltaKeyer1"节点后展开"检查器"面板，把"背景颜色"右侧的 ✏ 按钮拖动到检视器面板中的绿幕区域上，松开鼠标后绿幕区域就会变得透明，如图5-24所示。

图5-24

03 单击检视器面板右上角的 ◐ 按钮切换到Alpha模式，在"检查器"面板中单击"蒙版"选项卡，拖动"阈值"参数上的两个圆形滑块，去除画面中的灰色区域，让人物区域变成纯白色，让绿幕区域变成纯黑色，如图5-25所示。

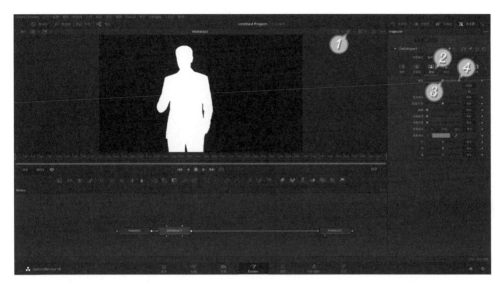

图5-25

04 确认 "DeltaKeyer1" 节点被选中，然后单击节点面板工具栏上的 按钮创建背景节点 "Background1" 和与之连接的合并节点 "Merye1"。接下来选中 "Merge1" 节点，按快 捷键Ctrl+T交换输入接口，这样我们就给绿幕素材添加了一个纯色背景，如图5-26所示。

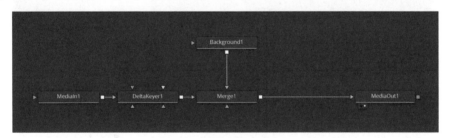

图5-26

05 拖动播放头可以看到，某些时间点上人物的边缘会出现少量白边。选中 "DeltaKeyer1" 节点，然后在 "检查器" 面板中拖动 "侵蚀/扩张" 圆形滑块减小参 数，这样就能有效地去除白边，如图5-27所示。

06 展开 "媒体池" 面板，把第二个视频素材拖动到 "Background1" 节点上，在弹出的对 话框中单击 "确定" 按钮就能用视频素材替换纯色背景，如图5-28所示。

07 接下来我们用特效模板制作背景。把节点面板工具栏上的 按钮拖动到 "MediaIn2" 节点上进行替换，选中 "Background1" 节点，在 "检查器" 面板中单击颜色框，将颜 色设置为 "红色=0，绿色=40，蓝色=25"，如图5-29所示。

图5-27

图5-28

08 展开"特效库"面板，在面板左侧选中"Templates/Fusion/Particles"选项，然后单击添加"Matrix"预设。在节点面板中选择"Matrix_1_1"节点，在"检查器"面板中设置"Density"参数为10，"Render Width"参数为1920，"Render Height"参数为1080，如图5-30所示。

图5-29

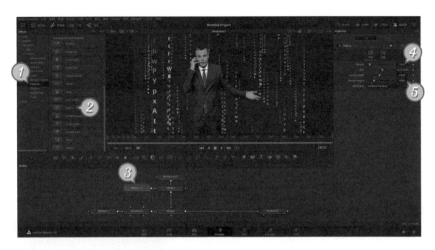

图5-30

09 选中"Merge2"节点，按快捷键Shift+空格打开"Select Tool"窗口，在窗口下方输入"移轴模糊"后单击"添加"按钮。再次打开"Select Tool"窗口，搜索并添加"暗角"效果器。最后在"检查器"面板中设置"大小"参数为1。如图5-31所示。

图5-31

5.4 图形动画：制作运动图形动画背景

图形动画就是让各种几何图形按照一定的规律运动起来，从而产生动态的视觉效

果。这种动画大多短小精悍并具有一定的趣味性，特别适合用在视频的片头或片尾。本节就来介绍如何用Fusion制作图形动画。

01 在达芬奇中新建一个项目，切换到"剪辑"页面，在媒体池的空白处右击，在弹出的快捷菜单中执行"新建Fusion合成"命令，在弹出的窗口中确认"时长"为5秒，然后单击"创建"按钮，如图5-32所示。

02 把新建的Fusion合成插入时间线上，切换到"Fusion"页面，单击节点面板工具栏上的 按钮创建背景节点"Background1"。在"检查器"面板中单击颜色框，将颜色设置为"红色=190，绿色=210，蓝色=214"，如图5-33所示。

图5-32

图5-33

 提示
在节点面板的空白处单击，新创建的节点就会出现在鼠标单击的位置。

03 单击节点面板工具栏上的 按钮创建合并节点"Merge1"，然后把"Merge1"节点和"MediaOut1"节点连接到一起。展开"特效库"面板，在面板左侧选择"Tools/Shape"选项，单击添加"sRectangle"节点，继续单击添加"sRender"节点，然后把"sRender1"和"Merge1"节点连接到一起。如图5-34所示。

提示
在"形状"卷展栏中创建的图形节点，必须连接一个"sRender"节点，否则图形节点既不能显示在检视器中，也不能连接到其他节点上。

04 选中"sRectangle1"节点，在"检查器"面板中设置"宽度"和"高度"参数为1。单击"样式"选项卡，单击颜色框，将颜色设置为"红色=85，绿色=76，蓝色=133"。选中"sRender1"节点，然后单击节点面板工具栏上的 按钮创建变换节点"Transform1"，如图5-35所示。

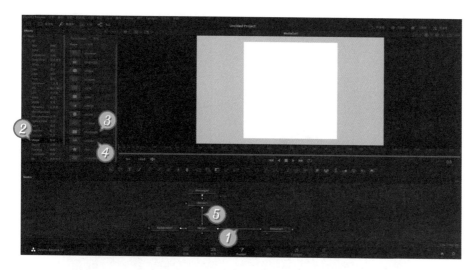

图5-34

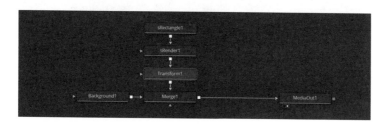

图5-35

提示
Point out

　　在"形状"卷展栏中创建的图形节点，必须连接一个"sRender"节点，否则图形节点既不能显示在检视器中，也不能连接到其他节点上。

05 　选中"Transform1"节点，在"检查器"面板中设置"中心X"参数为−0.5，"轴心X"参数为1，"大小"参数为3。单击"中心"参数右侧的◆按钮创建关键帧，把播放头拖动到15帧处，设置"中心X"参数为0，单击"角度"参数右侧的◆按钮创建关键帧，如图5-36所示。把播放头拖动到30帧处，设置"角度"参数为−90，如图5-37所示。

06 　把播放头拖动到20帧处，选中"Merge1"节点，为"混合"参数创建关键帧。把播放头拖动到30帧处，设置"混合"参数为0。接下来单击节点面板工具栏上的▱按钮创建新的合并节点"Merge2"。在节点面板的空白处单击，取消所有节点的选择，然后依次单击"特效库"面板中的"sEllipse""sOutline"和"sRender"节点。接下来把"sRender2"节点与"Merge2"节点连接到一起，如图5-38所示。

图5-36　　　　　　　　　　　　　　　　图5-37

图5-38

07 选中"sEllipse1"节点，在"检查器"面板中取消"实体"复选框的勾选，设置"边框宽度"参数为0.07，"位置"参数为1，"宽度"和"高度"参数为0.36，如图5-39所示。选中"sOutline1"节点，把播放头拖动到20帧处，设置"厚度"和"长度"参数均为0后，为"厚度""位置"和"长度"参数创建关键帧，如图5-40所示。

图5-39　　　　　　　　　　　　　　　　图5-40

08 把播放头拖动到60帧处，设置"厚度"参数为0.006，"位置"参数为0.5，"长度"参数为0.8，如图5-41所示。继续把播放头拖动到100帧处，设置"厚度"参数为0，"位置"参数为1，如图5-42所示。

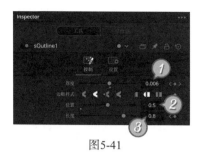

图5-41　　　　　　　　　　　　　　　　　　图5-42

09 选中"Merge2"节点，单击节点面板工具栏上的 按钮创建新的合并节点"Merge3"。取消所有节点的选择，然后依次单击"特效库"面板中的"sEllipse""sOutline"和"sRender"节点，把"sRender3"节点与"Merge3"节点连接到一起，如图5-43所示。

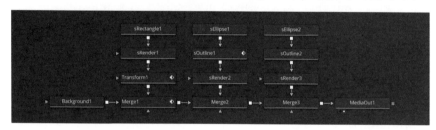

图5-43

10 选中"sOutline2"节点，设置"厚度"参数为0.02，如图5-40（左）所示。选中"sEllipse2"节点，在"检查器"面板中单击"样式"选项卡，单击颜色框，将颜色设置为"红色=85，绿色=76，蓝色=133"，如图5-44所示。

图5-44

11 单击"控制"选项卡，取消"实体"复选框的勾选，设置"边框宽度"参数为0.08，"位置"参数为1，"长度"参数均为0，"宽度"和"高度"参数均为0.29。把播放头拖动到35帧处，为"位置"和"长度"参数创建关键帧，如图5-45所示。继续把播放头拖动到65帧处，设置"长度"参数为0.25，如图5-46所示。

图5-45 图5-46

12 把播放头拖动到95帧处，设置"位置"和"长度"参数均为0后为"宽度"和"高度"参数创建关键帧，如图5-47所示。把播放头拖动到110帧处，设置"位置"参数为 −0.25，"宽度"和"高度"参数均为0，如图5-48所示。

图5-47 图5-48

13 选中"Merge3"节点，在"检查器"面板中单击"设置"选项卡。把播放头拖动到40帧处，为"混合"参数创建关键帧。把播放头拖动到35帧处，设置"混合"参数为0。选中"Merge3"节点后单击节点面板工具栏上的 按钮，创建新的合并节点"Merge4"。取消所有节点的选择，然后依次单击"特效库"面板中的"sNGon"和"sRender"节点，把"sRender4"节点与"Merge4"节点连接到一起，如图5-49所示。

14 选中"sNGon1"节点，在"检查器"面板中单击"样式"选项卡，单击颜色框，将颜色设置为"红色=85，绿色=76，蓝色=133"，如图5-50所示。单击"控制"选项卡，设置"边框宽度"参数为0.03，"宽度"和"高度"参数均为0，"角度"参数为30，如图5-51所示。

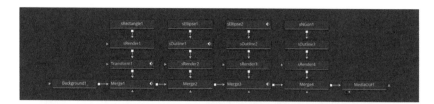

图5-49

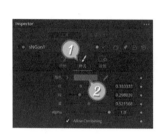

图5-50

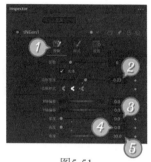

图5-51

15 把播放头拖动到105帧处，为"宽度""高度"和"角度"参数创建关键帧。把播放头拖动到115帧处，设置"高度"和"宽度"参数均为0.3。把播放头拖动到135帧处，设置"角度"参数为−210，如图5-52所示。

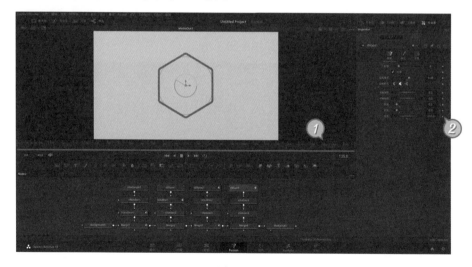

图5-52

16 展开"关键帧"面板，展开"sNGon1"节点，框选"角度"参数的两个关键帧。在关键帧上右击，在弹出的快捷菜单中执行"圆滑"命令，如图5-53所示。

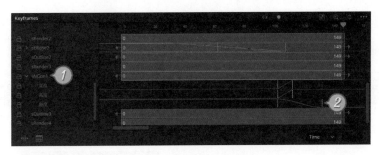

图5-53

5.5 跟踪画笔：去除视频素材中的杂物

跟踪器和画笔是Fusion中的两个重要功能，跟踪器可以自动计算画面上特定区域的位置变化，画笔功能则用来绘制图形或者是擦除物体。把这两个功能结合起来，我们就能去除不希望出现在视频画面中的路人、杂物等。

01 在达芬奇里新建一个项目，按快捷键Ctrl+I导入实例教学素材，然后把媒体池里的视频素材插入时间线上。切换到"Fusion"页面，选中"MediaIn1"节点，单击节点面板工具栏上的 按钮添加画笔节点，如图5-54所示。

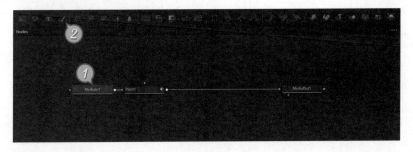

图5-54

02 先单击"检视器"面板上方的 按钮，然后展开"检查器"面板，在"应用控制"卷展栏中单击 按钮，继续展开"笔刷控制"卷展栏，设置"大小"参数为0.026，如图5-55所示。

03 将光标移动到检视器面板的画面上，按住Alt键，在行人下方的路面上单击，定义要复制的位置。接下来按住鼠标左键在行人上涂抹，直至行人完全消失，如图5-56所示。

图5-55

提示
Point out

在涂抹的过程中不要松开鼠标。

04 在"检查器"面板中单击上方的"修改器"选项卡，然后双击展开"Stroke1"选项。
展开第二个"笔刷控制"卷展栏，在"中心X"文字上右击，在弹出的快捷菜单中执行
"修改为/跟踪器位置"命令，如图5-57所示。

图5-56

图5-57

05 把节点面板中的"MediaIn1"节点拖动到"检查器"面板的"跟踪器来源"文本框上，设置"每个点的帧数"参数为4，在"自适应模式"中单击"最佳匹配"，单击"跟踪器来源"下方的▶按钮开始跟踪计算，如图5-58所示。

06 计算结束后播放动画，行人已经被擦除了。如果个别帧上没有擦除干净，那么我们可以双击展开"Stroke1"选项，在"应用控制"卷展栏中为"大小"和"偏移"参数创建关键帧，然后调整"大小"或"偏移"参数，直至完全擦除干净，如图5-59所示。

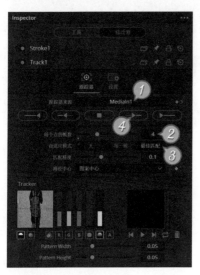

图5-58

图5-59

5.6 魔法换天：随心所欲更换天空背景

Fusion提供了各种各样的抠像工具和追踪工具，把这两种工具结合起来，就能抠除视频画面中的任意区域，然后把空白区域替换成其他视频素材的画面。利用这种思路我们可以制作很多视频特效，本节制作的替换天空特效就是其中之一。

01 在达芬奇里新建一个项目，按快捷键Ctrl+I导入实例教学素材，然后把媒体池里的第一个视频素材插入时间线上。切换到"Fusion"页面，选中"MediaIn1"节点后按快捷键Shift+空格打开"Select Tool"窗口，在窗口下方输入"亮度"后添加亮度键控器节点"Lumakeyer1"，如图5-60所示。

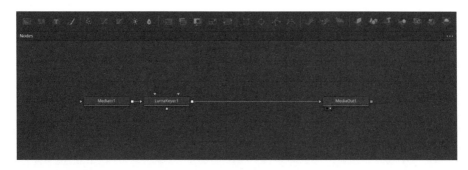

图5-60

02 展开"检查器"面板，勾选"反向"复选框，然后设置"低"参数为0.56，"高"参数为0.58。单击检视器面板上方的⊕按钮可以看到，天空部分已经被抠除干净，但是地面上还有一部分黑色区域无法消除，如图5-61所示。

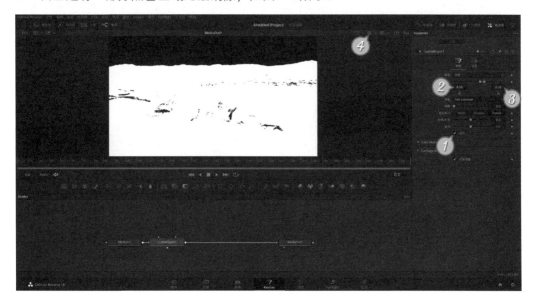

图5-61

03 单击节点面板工具栏上的◻按钮添加矩形蒙版，在"检查器"面板中勾选"反向"复选框后，在检查器中调整矩形的大小和位置，消除地面上的黑色区域，如图5-62所示。抠图工作已经完成了，接下来我们用跟踪器更换天空背景。

04 选中"LumaKeyer1"节点后单击节点面板工具栏上的▱按钮创建合并节点"Merge1"，在节点面板的空白处单击，取消所有节点的选择。按快捷键Shift+空格打开"Select Tool"窗口，在窗口下方输入"跟踪器"后添加跟踪器节点"Tracker1"，如图5-63所示。

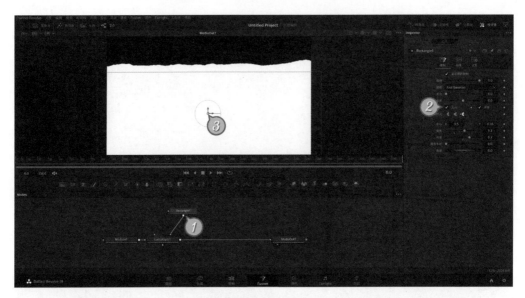

图5-62

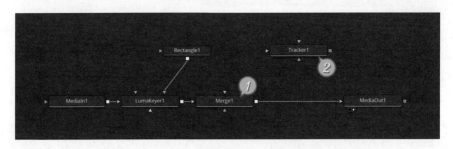

图5-63

05 把 "Tracker1" 节点连接到 "Merge1" 节点上,选中 "Merge1" 节点,按快捷键Ctrl+T 交换输入,接下来把 "LumaKeyer1" 节点与 "Tracker1" 节点上的黄色三角形标志连 接起来,如图5-64所示。

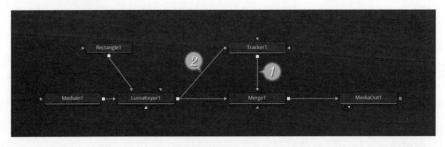

图5-64

06 展开"媒体池"面板，把第二个视频素材拖动到节点面板的空白处以添加节点"MediaIn2"，然后把"MediaIn2"节点与"Tracker1"节点上的绿色三角形标志连接起来。选中"Tracker1"节点，把追踪点对准一块易于识别且全程不会离开画面的岩石，如图5-65所示。

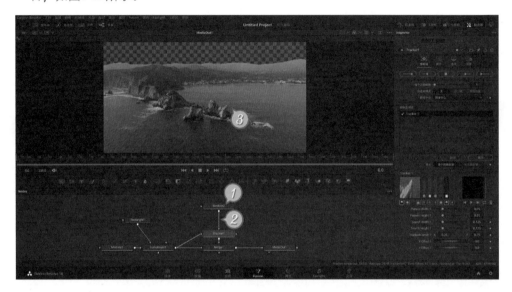

图5-65

07 在"检查器"面板中设置"每个点的帧数"参数为4，在"自适应模式"中单击"最佳匹配"，然后单击▶按钮开始追踪计算，如图5-66所示。追踪计算结束后单击"操作"选项卡，在"操作"下拉菜单中选择"匹配移动"，如图5-67所示，这样在被抠除的区域上就会显示背景天空。

图5-66

图5-67

08 为了保证替换效果，背景天空使用的是4K分辨率的素材，接下来还需调整天空的显示范围。选中"MediaIn2"节点，单击节点面板工具栏上的 按钮创建变换节点"Transform1"，在"检查器"面板中设置"大小"参数为0.65，"中心Y"参数为0.85，如图5-68所示。

图5-68

09 替换后的天空与原素材的颜色和亮度差别较大，交接处的山脉显得尤其突兀。选中"Tracker1"节点，单击节点面板工具栏上的 按钮创建色彩校正器节点"ColorCorrector1"，在"检查器"面板中设置"色相"参数为−0.04，"Gain"参数为0.85，"Lift"参数为0.3，如图5-69所示。

10 最后对画面进行整体调色处理。选中"Merge1"节点，按快捷键Shift+空格打开"Select Tool"窗口，在窗口下方输入"除霾"后添加节点"除霾1"。在"检查器"面板中设置"除霾强度"参数为0.6，"阴影"参数为40，如图5-70所示。

图5-69

图5-70

5.7 火花粒子：使用粒子系统制作特效

　　火花、光斑等粒子特效通常被当作覆叠素材使用，为视频作品营造氛围。本节就利用Fusion的粒子和3D系统制作火花飞舞的效果，学会制作粒子效果后就再也不用担心找不到合适的素材了。

01 在达芬奇中新建一个项目，切换到"剪辑"页面，在媒体池的空白处右击，在弹出的快捷菜单中执行"新建Fusion合成"命令，在弹出的"新建Fusion合成片段"窗口中设置"时长"为10秒后单击"创建"按钮，如图5-71所示。

图5-71

02 把新建的Fusion合成插入时间线上。切换到"Fusion"页面，单击节点面板工具栏上的 按钮创建粒子发射器节点"pEmitter1"，继续单击 按钮创建粒子渲染器节点"pRender1"，按"1"键，在左侧的检视器中显示粒子发射器，如图5-72所示。

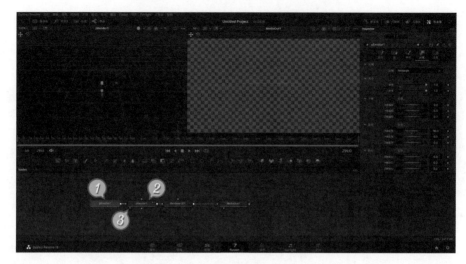

图5-72

03 点节点面板工具栏上的█按钮创建渲染器3D节点 "Renderer3D1"，然后把 "Renderer3D1"
节点连接到 "MediaOut1" 节点上。选中 "pEmitter1" 节点，展开 "检查器" 面板后单击
"区域" 选项卡，在 "区域" 下拉菜单中选择 "Rectangle"，设置 "宽度" 和 "高度"
参数均为1，设置 "X轴旋转" 参数为90。如图5-73所示。

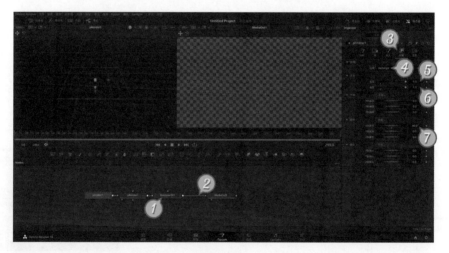

图5-73

▶ **提示**
Point out
　在 "高度" 参数上右击，在弹出的快捷菜单中执行 "表达式" 命令，把参数下方出现
的加号拖动到 "宽度" 参数上，这样就能把两个参数关联到一起，修改 "宽度" 参数，"高度" 参数
也会变成相同的数值。

04 单击"控制"选项卡，在"速度"卷展栏中设置"速度"参数为0.08，"速度变化"参数为0.1，"角度"参数为90，如图5-74所示。这样拖动播放头就能看到粒子从矩形平面向上发射的效果了。

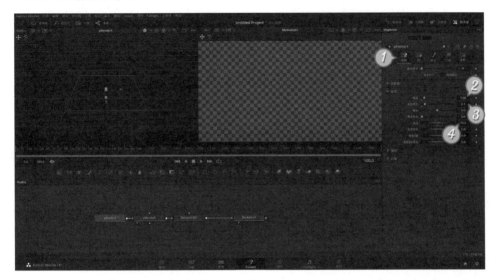

图5-74

05 按快捷键Shift+空格打开"Select Tool"窗口，在窗口下方输入"扰乱"后添加粒子扰乱节点"pTurbulence1"。选中"pTurbulence1"节点，在"检查器"面板中设置"X轴强度""Y轴强度"和"Z轴强度"参数均为0.8，设置"密度"参数为3，如图5-75所示，这样就能让粒子的运动方向没有那么规律。

06 接下来我们设置粒子的形状。选中"pEmitter1"节点，在"检查器"面板中单击"样式"选项卡，在

图5-75

"样式"下拉菜单中选择"Bitmap"。取消所有节点的选择状态，单击节点面板工具栏上的▨按钮创建背景节点"Background1"，在"检查器"面板中把背景颜色设置为白色，如图5-76所示。单击"图像"选项卡，取消"Auto Resolution"复选框的勾选，设置"宽度"和"高度"参数均为128，如图5-77所示。

07 单击节点面板工具栏上的☐按钮创建矩形蒙版。在"检查器"面板中设置蒙版的"宽度"参数为0.7，"高度"参数为0.03。把"BackGround1"节点连接到"pEmitter1"节点，就能看到粒子的形状变成了利用背景节点和蒙版创建的矩形，如图5-78所示。

图5-76

图5-77

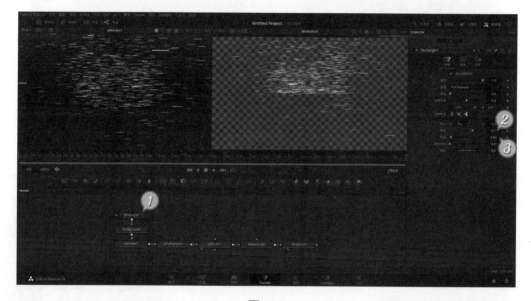

图5-78

08 "选中pEmitter1"节点，在"检查器"面板中展开
"旋转"卷展栏，在"旋转模式"下拉菜单中选择
"相对于运动的旋转"，然后取消"始终面向摄像
机"复选框的勾选，如图5-79所示。

图5-79

09 单击"样式"选项卡，展开"Size Controls"卷展栏，设置"Size"参数为0.008，"Size Variance"参数为0.03，如图5-80所示。展开"Color Controls"卷展栏后展开"Color Over Life Controls"卷展栏，在"Color Over Life"色盘上单击创建4个色标，然后参照图5-81调整粒子的颜色。

图5-80

图5-81

提示 ▶

按住鼠标中键后拖动光标，可以平移透视图。同时按住Ctrl+Shift键后按住鼠标左键拖动也可以平移透视图。同时按住Ctrl+Shift+Alt键后按住鼠标左键拖动可以旋转透视图。

10 选中"pRender1"节点，设置"预生成的帧数"参数为100，让粒子提前100帧生成。按快捷键Shift+空格打开"Select Tool"窗口，在窗口下方输入"合并3D"后添加节点"Merge3D1"，继续单击节点面板工具栏上的 ⬤ 按钮创建"Camera3D1"节点，如图5-82所示。

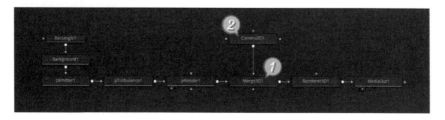

图5-82

11 在"检查器"面板中单击"变换"选项卡，在"平移"卷展栏中设置"Y轴"参数为0.4，"Z轴"参数为1.3。单击"控制"选项卡，设置"焦点平面"参数为1.5，展开"控制可见性"卷展栏，勾选"焦点平面"复选框，如图5-83所示。

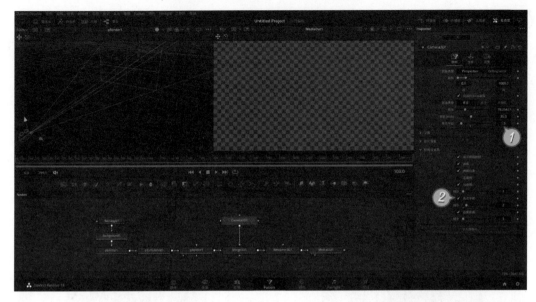

图5-83

12 选中"Renderer3D1"节点，单击节点面板工具栏上的
▨按钮创建背景节点以及连接的合并节点，然后按快
捷键Ctrl+T交换输入。在"检查器"面板的"渲染器类
型"下拉菜单中选择"OpenGL Renderer"，展开"积
累效果"卷展栏，勾选"启用积累效果"复选框后设
置"景深模糊数量"参数为0.02，如图5-84所示。

13 选中"Merge1"节点，单击节点面板工具栏上的✦按
钮创建色彩校正器节点"ColorCorrector1"，设置"饱
和度"参数为1.5，"Gain"参数为5，继续把色盘中心
的M标志拖动到红色区域，如图5-85所示。

图5-84

14 按快捷键Shift+空格打开"Select Tool"窗口，在窗口下方输入"发光"后添加节点
"发光1"，在"检查器"面板中设置"闪亮阈值"参数为0，"增益"参数为1。按
快捷键Shift+空格打开"Select Tool"窗口，在窗口下方输入"移轴模糊"后添加节点
"移轴模糊1"，如图5-86所示。

15 再次按快捷键Shift+空格打开"Select Tool"窗口，在窗口下方输入"暗角"后添加节
点"暗角1"，在"检查器"面板中设置"柔化"参数为0.8，如图5-87所示。

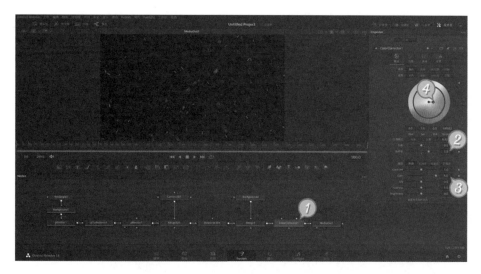

图5-85

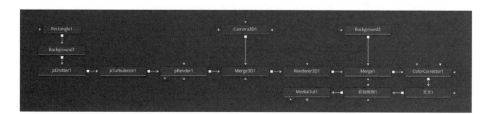

图5-86

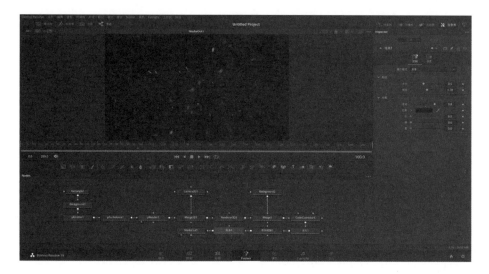

图5-87

DAVINCI RESOLVE 18

达芬奇
视频剪辑与调色

第6章

标题字幕：
视频不可或缺的元素

在各种类型的视频作品中，文字都是不可缺少的构成元素。视频中的文字主要以标题和字幕的形式出现，在起到说明和强调作用的同时，还能给观众带来视觉上的美感。本章会把前面介绍过的剪辑、特效和Fusion功能结合起来，讲解在达芬奇中制作各种标题动画和文字特效的方法。

6.1 文字动画：制作关键帧和跟随器动画

达芬奇提供了六种文本生成器和大量标题字幕模板，虽然标题字幕模板简单易用，但是只能在一些特定的情景中使用，只有掌握了利用文本生成器创建文字和设置动画的方法，才能随心所欲地制作自己需要的文字动画。

01 在达芬奇里新建一个项目，按快捷键Ctrl+I导入实例教学素材，然后把媒体池里的所有素材插入时间线上。展开"标题"面板，把"文本"生成器拖曳到"V2"轨道上。在时间线面板中拖曳文本片段右侧的边框，把片段的持续时间设置为10秒，如图6-1所示。

图6-1

02 展开"检查器"面板，在文本框中输入标题内容。在"字体系列"下拉菜单中选择"华文细黑"，设置"大小"参数为100，"字距"参数为15，如图6-2所示。

03 接下来我们利用关键帧功能制作文字动画。把播放头拖动到3秒15帧处，单击"缩放"和"旋转角度"参数右侧的 ◈ 按钮创建关键帧。把播放头拖动到15帧处，设置"缩放X"和"缩放Y"参数为4，设置"旋转角度"参数为－60，如图6-3所示。

04 单击"检查器"面板上方的"设置"标签，在"合成"选项组中设置"不透明度"参数为0后创建关键帧。把播放头拖动到3秒15帧处，设置"不透明度"参数为100，然后为"裁切"选项组中的"裁切左侧"参数创建关键帧，如图6-4所示。

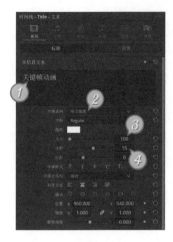

图6-2　　　　　　　　　　　图6-3　　　　　　　　　　　图6-4

05 把播放头拖动到6秒处，设置"裁切左侧"参数为500。把播放头拖动到8秒15帧处，设置"裁切左侧"参数为1350。切换到"剪辑"页面，单击文本片段右下角的 图标，按快捷键Ctrl+A选中所有关键帧后单击 按钮，如图6-5所示。选中其他线段后重复前面的操作，把"不透明度""缩放Y"和"旋转角度"的关键帧插值都设置为缓入缓出。

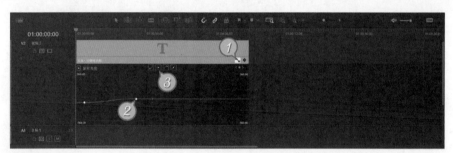

图6-5

需要反复预览某个时段的动画效果时，可以把播放头拖动到预览的开始位置，在检视器下方的 ■ 按钮上右击，然后勾选弹出的"停止播放并把播放头放回原位"选项。接下来按空格键预览效果，到达结束位置后再次按空格键，播放头就会跳回到预览的开始位置。

06 文本生成器只能用于图文排版或者制作比较简单的动画，要想制作更加复杂的标题动画，就要使用"Text+"生成器。切换回"快编"页面，把"标题"面板中的"Text+"生成器拖动到文本片段的右侧，然后把片段的持续时间设置为10秒，如图6-6所示。

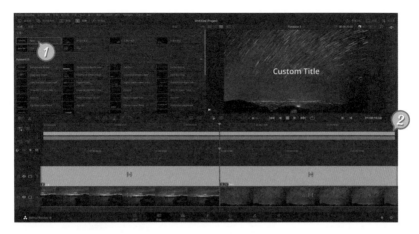

图6-6

07 Text+生成器实际上是一种Fusion节点，只有在Fusion页面中才能发挥出所有功能。切换到"Fusion"页面，选中"Template"节点后在"检查器"面板的文本框中输入标题内容，在"字体系列"下拉菜单中选择"华文细黑"，设置"字距"参数为1.05，"垂直锚点"参数为0.55，如图6-7所示。

08 在文本框的空白处右击，在弹出的快捷菜单中执行"跟随器"命令。单击"检查器"面板上方的"修改器"选项卡，继续单击"着色"选项卡，设置"Properties"卷展栏中的"不透明度"参数为0，设置"Softness"卷展栏中的"X轴"和"Y轴"参数为5，设置"Position"卷展栏中的"Offset Z"参数为－10。把播放头拖动到35帧处，为这4个参数创建关键帧，如图6-8所示。

图6-7

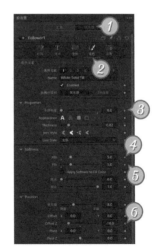

图6-8

提示
Point out
　跟随器功能可以让文本中的每个字符按照设定好的顺序和方向一个接一个地产生动画，是增加标题动画的丰富程度，避免动画效果过于单调的重要手段。

09　把播放头拖动到70帧处，设置"不透明度"参数为1，"X轴""Y轴"和"Offset Z"参数均为0。展开"关键帧"面板，双击展开"Template"选型，框选所有关键帧后按快捷键Shift+S把插值设置为圆滑。选中"不透明度"参数的两个关键帧，按住Ctrl键后向右拖动关键帧进行复制操作。把复制的第一个关键帧拖动到180帧处，然后按"V"键反转方向，如图6-9所示。

10　标题的入场和出场动画制作完成了，接下来单击"检查器"面板上方的"时间"选项卡，在"顺序"下拉菜单中选择"随机但一个接一个"，设置"延迟"参数为10，如图6-10所示。按空格键预览就能看到跟随器动画的效果。

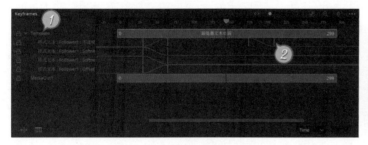

图6-9　　　　　　　　　　　　　　　　图6-10

11　切换到"快编"页面，展开"转场"面板，把"浸入颜色叠化"转场拖动到两个文本片段之间，在"检查器"面板中单击"转场"选项卡，设置"时长"参数为3，如图6-11所示。

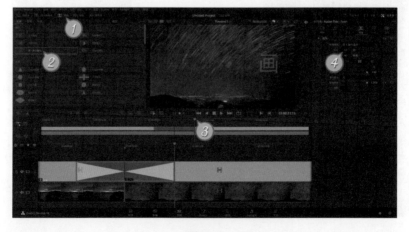

图6-11

6.2 字幕动画：结合图形制作动态字幕条

字幕条是新闻和综艺类节目中非常常见的文字动画，这种类型的动画主要由文字和图形组成，看起来比较简单，实际制作起来还是比较烦琐的。本节就通过一个实例介绍制作字幕条的思路和手段。

01 在达芬奇里新建一个项目，按快捷键Ctrl+I导入实例教学素材。切换到"剪辑"页面，把媒体池里的第一个视频素材插入时间线上。在媒体池的空白处右击，在弹出的快捷菜单中执行"新建Fusion合成"命令，在弹出的窗口中设置"时长"为7秒后单击"创建"按钮，接下来把Fusion合成拖曳到"V2"轨道上，如图6-12所示。

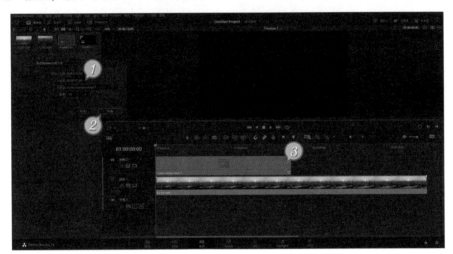

图6-12

02 切换到"Fusion"页面，单击节点面板工具栏上的 **T** 按钮创建文本节点"Text1"，再次单击 **T** 按钮创建与之连接的合并节点"Merge1"和文本节点"Text2"。继续单击节点面板工具栏上的 按钮创建合并节点"Merge2"，然后把"Merge2"节点和"MediaOut1"节点连接到一起，如图6-13所示。

 提示 Point out

选中一个节点后，按"F2"键可以修改节点的名称。

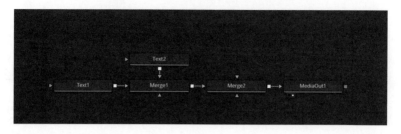

图6-13

03 在节点面板的空白处单击，取消所有节点的选择，按快捷键Shift+空格打开"Select Tool"窗口，搜索并添加"sRectangle"节点。再次按快捷键Shift+空格搜索并添加"sRender"节点，然后把"sRender1"和"Merge2"连接到一起，如图6-14所示。

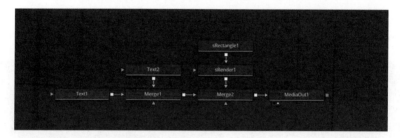

图6-14

04 选中"sRectangle1"节点，在"检查器"面板中取消"实体"复选框的勾选，然后单击"边框样式"中的 ◀ 和 ▌ 按钮，设置"边框宽度"参数为0.01，"宽度"参数为0.55，"高度"参数为0.15，如图6-15所示。

05 把播放头拖动到10帧处，设置"长度"参数为0后创建关键帧。把播放头拖动到40帧处，设置"长度"参数为0.6。单击"检查器"面板上方的"样式"选项卡，单击颜色框，设置颜色为"红色=229，绿色=180，蓝色=91"，如图6-16所示。

图6-15

图6-16

06 选中"Text1"节点，在"检查器"面板的文本框中输入字幕条的主标题文字。设置"字体"为"微软雅黑"，设置"大小"参数为0.1，"字距"参数为1.05。选中"Text2"节点，在"检查器"面板的文本框中输入副标题文字，设置"字体"为"微软雅黑"，然后在下方的下拉菜单中选择"Light"，设置"大小"参数为0.06，如图6-17所示。

提示 Point out　选中一个文本节点后，单击检视器左上角的 **Ab** 按钮，就能在检视器中直接输入和编辑文本。

07 单击"布局"选项卡，设置"中心X"参数为0.6，"中心Y"参数为0.37。单击"着色"选项卡，在"选择元素"选项中单击"2"后勾选"Enabled"复选框，在"Properties"卷展栏中单击 ● 按钮，在"Level"下拉菜单选择"文本"，设置"Extend Horizontal"参数为0.4，"Extend Vertical"参数为0.1，单击颜色框，设置颜色为"红色=40，绿色=40，蓝色=40"，如图6-18所示。

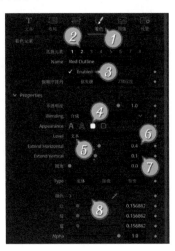

图6-17　　　　　　　　　　　　　　　　图6-18

08 至此文本和图形就设置完成了，接下来开始制作文本动画。选中"Text1"节点，在文本框的空白处右击，在弹出的快捷菜单中执行"跟随器"命令。单击"检查器"面板上方的"修改器"选项卡后，单击"着色"选项卡，如图6-19所示。

09 把播放头拖动到30帧处，展开"Position"选项卡，为"Offset"参数创建关键帧，如图6-20所示。接下来双击"Follower1"，设置"Offset Y"参数为-0.62。把播放头拖动到45帧处，设置"Offset Y"参数为0。

图6-19

图6-20

10 单击"检查器"面板上方的"时间"选项卡，在"顺序"下拉菜单中选择"从左到右"，设置"延迟"参数为3。单击节点面板工具栏上的▢按钮创建蒙版，在"检查器"面板中勾选"反向"复选框，设置"中心Y"参数为0.19，如图6-21所示。

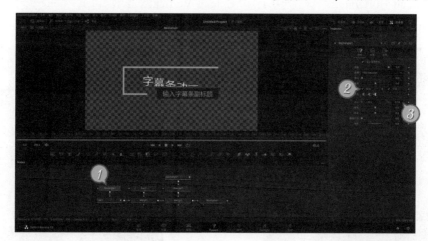

图6-21

11 选中"Text2"节点后在"检查器"面板中单击"布局"选项卡，把播放头拖动到70帧处，为"中心"参数创建关键帧。把播放头拖动到45帧处，设置"中心X"参数为0.28。单击节点面板工具栏上的▢按钮创建蒙版，在"检查器"面板中勾选"反向"复选框，设置"中心X"参数为0.19，如图6-22所示。

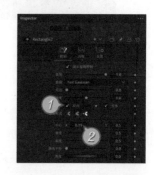

图6-22

12 展开"关键帧"面板，单击面板右上角的···按钮，在弹出的快捷菜单中选择"展开工具控制"选项。选中所有的关键帧，按快捷键Shift+S将插值设置为圆滑，按住Ctrl键后向右拖动关键帧进行复制操作，松开鼠标后按"V"键反转方向，结果如图6-23所示。

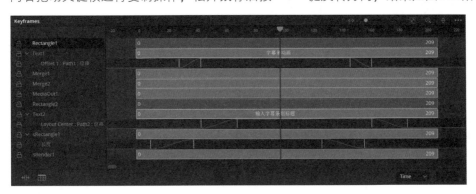

图6-23

13 框选"Text1"节点上的后两个关键帧，把最后一个关键帧拖动到170帧处。框选"Text2"节点上的后两个关键帧，把框选的第一个关键帧拖动到170帧处。框选"sRectangle1"节点上的后两个关键帧，把框选的第一个关键帧拖动到175帧处，如图6-24所示。

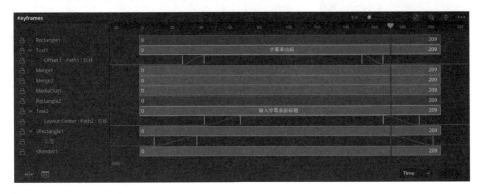

图6-24

14 选中"Text1"节点，把播放头拖动到45帧处，然后在"检查器"面板中单击"修改器"选项卡，为"顺序"参数创建关键帧；把播放头拖动到170帧处，在"顺序"下拉菜单中选中"从右到左"。如图6-25所示。

图6-25

149

6.3 霓虹文字：用效果器制作发光效果

要想得到理想的文字特效，除了制作动画以外，还可以设置文字样式，以及利用各种效果器和Fusion节点来增强文字特效的表现力。本节会运用多种效果器将用一段普普通通的文字制作成霓虹发光动画。

01 在达芬奇中新建一个项目，切换到"剪辑"页面，在媒体池的空白处右击，在弹出的快捷菜单中执行"新建Fusion合成"命令，在弹出的"新建Fusion合成片段"窗口中设置"时长"为10秒后单击"创建"按钮，如图6-26所示。

02 把Fusion合成拖曳到时间线上，切换到"Fusion"页面，单击节点面板工具栏上的 ▧ 按钮创建背景节点"Background1"，继续单击 **T** 按钮创建与之连接的合并节点"Merge1"和文本节点"Text1"，然后把"Merge1"节点和"MediaOut1"节点连接到一起，如图6-27所示。

图6-26

图6-27

03 选中"Background1"节点，在"检查器"面板的"类型"下拉菜单中选择"渐变"，在"渐变类型"下拉菜单中选择"Radial"，设置"起始X"参数为0.5，单击"渐变"色盘左侧的色标，将颜色设置为"红色=12，绿色=27，蓝色=29"，单击右侧的色标，将颜色设置为"红色=2，绿色=6，蓝色=6"，如图6-28所示。

图6-28

04 选中"Text1"节点，在"检查器"面板的文本框中输入"霓虹灯文字"，在"字体"下拉菜单中选择"幼圆"，设置"大小"参数为0.1，"字距"参数为1.13，如图6-29所示。单击"检查器"面板上方的"布局"选项卡，设置"中心Y"参数为0.55。

图6-29

05 单击"着色"选项卡，在"Properties"卷展栏中单击**A**按钮，设置"Thickness"参数为0.03后勾选"Outside Only"复选框；在"Type"选项中单击"渐变"，然后单击"Shading Gradient"色盘左侧的色标，将颜色设置为"红色=255，绿色=255，蓝色=0"，单击右侧的色标，将颜色设置为"红色=85，绿色=255，蓝色=255"；继续设置"映射角度"参数为90，在"映射级别"下拉菜单中选择"文本"，如图6-30所示。

06 现在开始制作文字动画。单击"文本"选项卡，在文本框的空白处右击，在弹出的快捷菜单中执行"跟随器"命令。单击"修改器"选项卡，在"顺序"下拉菜单中选择"随机但一个接一个"，设置"延迟"参数为15，如图6-31所示。

图6-30

07 单击"着色"选项卡，设置"Properties"卷展栏中的"不透明度"参数为0，设置"Softness"卷展栏中的"X轴"和"Y轴"参数均为3，然后为这三个参数创建关键帧。把播放头拖动到70帧处，设置"不透明度"参数为1，"X轴"和"Y轴"参数为0。把播放头拖动到160帧处，单击 ◆ 按钮为这三个参数插入关键帧。把播放头拖动到230帧处，设置"不透明度"参数为0，"X轴"和"Y轴"参数均为3，如图6-32所示。

图6-31

图6-32

08 展开"样条曲线"面板，选中左侧的四个关键帧后单击 ⌒ 按钮，选中右侧的四个关键帧后再次单击 ⌒ 按钮，结果如图6-33所示。

图6-33

09 文字的样式和动画设置都完成了，接下来开始模拟发光效果。按快捷键Shift+空格打开"Select Tool"窗口，搜索并添加"SoftGlow"节点。再次按快捷键Shift+空格搜索并添加"添加闪烁"节点。在"检查器"面板中设置"速度"参数为0.4，"平滑度"参数为1，如图6-34所示。

10 按快捷键Shift+空格，搜索并添加"移轴模糊"节点，在"检查器"面板中设置"中心Y"参数为0.53，"焦点范围"参数为0，"近模糊范围"和"远模糊范围"参数均为0.7，如图6-35所示。

11 选中"Merge1"节点，按快捷键Shift+空格搜索并添加"发光"节点，在"检查器"面板中设置"闪亮阈值"参数为0.6，"增益"参数为1.5，单击"彩色滤镜"颜色框，把颜色设置为"红色=255，绿色=170，蓝色=0"，如图6-36所示。

图6-34

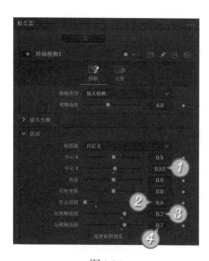

图6-35

图6-36

12 按快捷键Shift+空格搜索并添加"模拟信号故障"节点。在"检查器"面板的"预设"下拉菜单中选择"空白（无特效）"，展开"扫描线"卷展栏，设置"扫描线锐度"参数为0.25，"扫描线频率"参数为14后勾选"彩色线条"复选框，如图6-37所示。

图6-37

6.4 金属文字：制作金属文字扫光动画

金属文字和扫光特效是最常见的片头标题动画形式，本节先利用Fusion中的侵蚀扩张和凹凸贴图节点，配合一系列的效果器和色彩校正器制作具有金属质感的文字，然后使用射光效果器制作文字扫光动画。

01 在达芬奇中新建一个项目，切换到"剪辑"页面，在媒体池的空白处右击，在弹出的快捷菜单中执行"新建Fusion合成"命令，在弹出的窗口中设置"时长"为7秒后单击"创建"按钮，如图6-38所示。

图6-38

02 把Fusion合成拖曳到时间线上，切换到"Fusion"页面，单击节点面板工具栏上的 **T** 按钮创建文本节点"Text1"，然后把"Text1"节点和"MediaOut1"节点连接到一起。在"检查器"面板的文本框中输入"金属文字"，在"字体"下拉菜单中选择"华文新魏"，设置"大小"参数为0.18，如图6-39所示。

图6-39

03 单击"着色"选项卡，在"选择元素"中单击"2"，勾选"Enabled"复选框后设置描边颜色为"红色=255，绿色=84，蓝色=127"，如图6-40（左）所示。继续在"选择元素"中单击"3"，然后勾选"Enabled"复选框，如图6-40（右）所示。

04 按快捷键Shift+空格搜索并添加"侵蚀/扩张"节点"ErodeDilate1"，在"检查器"面板的"滤镜"中单击"高斯"，设置"数量"参数为－0.009。按快捷键Shift+空格搜索并添加"创建凹凸贴图"节点"CreatBumpMap1"，在"检查器"面板的"滤镜大小"中单击"5"，设置"裁剪Z轴法线"参数为0.73，"高度比例"参数为70.9，如图6-41所示。

图6-40　　　　　　　　　　　　　　　　　　　图6-41

05 单击节点面板工具栏上的 按钮创建合并节点"Merge1"，选中"Text1"节点后再次单击 按钮创建合并节点"Merge2"，然后把"Merge2"节点上的方块标志与"Merge1"节点上的绿色三角标志连接到一起。选中"Merge1"节点，在"检查器"面板的"应用模式"下拉菜单中选择"滤色"，在"运算"下拉菜单中选择"In"。如图6-42所示。

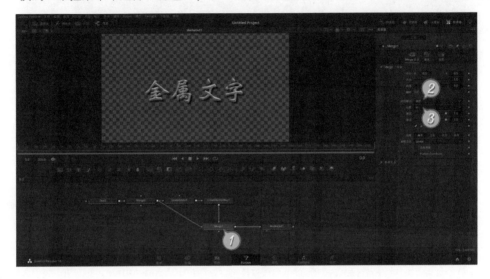

图6-42

06 按快捷键Shift+空格搜索并添加"通道布尔"节点"ChannelBooleans1"，在"检查器"面板的"到红通道""到绿通道"和"到蓝通道"下拉菜单中选择"黑色"，如图6-43所示。单击"辅助"选项卡，勾选"启用额外通道"复选框后，在"到X轴法线"下拉菜单中选择"红通道 前景"，在"到Y轴法线"下拉菜单中选择"绿通道 前景"，在"到Z轴法线"下拉菜单中选择"蓝通道 前景"，如图6-44所示。

图6-43

图6-44

07 按快捷键Shift+空格搜索并添加"着色器"节点"Sharder1"。在"检查器"面板中设置"赤道角度"参数为128，"极线高度"参数为−18。选中"Text1"节点，单击节点面板工具栏上的●按钮创建模糊节点"Blur1"，在"检查器"面板中设置"Blur Size"参数为1.5，如图6-45所示。

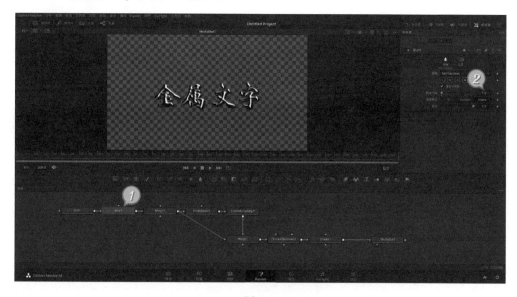

图6-45

08 选中"CreateBumpMap1"节点，单击节点面板工具栏上的❖按钮创建色彩校正器节点"ColorCorrector1"，在"检查器"面板中设置"Gain"参数为0.45，"Gamma"参数为1.7，"Brightness"参数为0.03。选中"Shader1"节点，单击节点面板工具栏上的▦按钮创建背景节点"Backgrourd1"和与之连接的合成节点"Merger3"，然后按快捷键Ctrl+T交换输入，如图6-46所示。

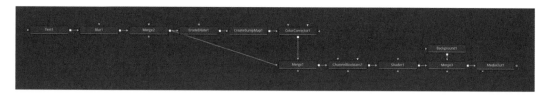

图6-46

09 选中"Background1"节点，在"检查器"面板的"类型"下拉菜单中选择"渐变"，在"渐变类型"下拉菜单中选择"Radial"，设置"起始X"参数为0.5，单击"渐变"色盘左侧的色标，将颜色设置为"红色=40，绿色=40，蓝色=40"，单击右侧的色标，将颜色设置为"红色=20，绿色=20，蓝色=20"，如图6-47所示。

10 选中"Shader1"节点，按快捷键Shift+空格搜索并添加柔光节点"SoftGlow1"，在"检查器"面板中设置"阈值"参数为0.5，"增益"参数为1。单击节点面板工具栏上的 **T** 按钮创建文本节点"Text2"和与之连接的合并节点"Merge4"。选中"Merge4"节点，按快捷键Ctrl+T交换输入，如图6-48所示。

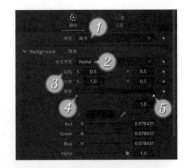

图6-47

图6-48

11 选中"Text2"节点，在"检查器"面板的文本框中输入"金属文字"，在"字体"下拉菜单中选择"华文新魏"，设置"大小"参数为0.18，设置文本颜色为黑色，如图6-49所示。按快捷键Shift+空格搜索并添加"缩放模糊"节点，在"检查器"面板中设置"位置Y"参数为1，"缩放数量"参数为0.6，单击"设置"选项卡，设置"混合"参数为0.6。

12 选中"Merge3"节点，按快捷键Shift+空格搜索并添加"射光"节点，在"检查器"面板的"射线散布"下拉菜单中选择"CCD高光溢出（柔和）"，设置"位置X"参数为0.15，"位置Y"参数为0.38，"长度"和"亮度"参数均为0，"柔化"参数为0.1，如图6-50所示。

13 把播放头拖动到80帧处，为"位置""长度"和"亮度"参数创建关键帧，如图6-51
所示。把播放头拖动到130帧处，设置"长度"参数为1，"亮度"参数为0.15。把播放
头拖动到180帧处，设置"位置X"参数为0.85，"长度"和"亮度"参数均为0。

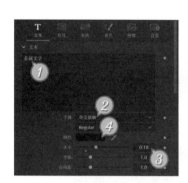

图6-49

图6-50

图6-51

14 最后切换到"剪辑"页面，在时间线上把片段左上角的口标记拖动到2秒处，最终结果
如图6-52所示。

图6-52

6.5 | 手写文字：遮罩画笔制作书写动画

很多短视频和vlog视频喜欢用轻松、优美的手写文字效果作为开场标题动画，我们只要在达芬奇的Fusion页面中创建文字和遮罩画笔两个节点，就能轻松制作出手写文字的动画效果。

01 在达芬奇里新建一个项目，按快捷键Ctrl+I导入实例教学素材，切换到"剪辑"页面，然后把第一个视频素材插入时间线上。在媒体池的空白处右击，在弹出的快捷菜单中执行"新建Fusion合成"命令，在弹出的窗口中设置"时长"为6秒后单击"创建"按钮。接下来把Fusion合成拖曳到"V2"轨道上，如图6-53所示。

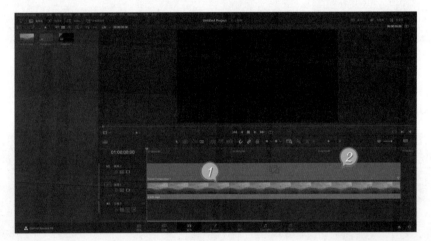

图6-53

02 切换到"Fusion"页面后展开"媒体池"面板，单击节点面板工具栏上的 **T** 按钮创建文本节点"Text1"，然后把"Text1"节点和"MediaOut1"节点连接到一起。选中"Text1"节点，在"检查器"面板的文本框中输入"writing"，在"字体"下拉菜单中选择"Segoe Script"，把字体样式设置为"Bold"，设置"大小"参数为0.17，"字距"参数为1.04，如图6-54所示。

图6-54

提示 Point out

　　制作标题动画时，我们可以把光标移动到检视器上，按快捷键Ctrl+G显示参考线。最外侧的矩形虚线是检视器安全框，超过这个区域的画面在不同宽高比的设备上播放时有被裁剪掉的风险。内侧的矩形虚线是标题安全框，不让标题动画超出这个区域可以避免显示不全的问题。

03 按快捷键Shift+空格搜索并添加"遮罩画笔"节点，在"检查器"面板的上方单击"Mask"选项卡，勾选"反向"复选框显示文字。按住Ctrl键后滚动鼠标中键放大检视器的画面，然后单击检视器上方的∿按钮，在文字上按照书写顺序单击鼠标绘制画笔的运动路径，如图6-55所示。

图6-55

提示 Point out

　　绘制的画笔运动路径中间不能断开，路径上的控制点越多，生成的书写动画就越流畅。

04 绘制完成后，单击检视器上方的⟋按钮可以调整控制点的位置，单击⟍⁺按钮可以在路径上插入新的控制点，单击⌒按钮能把选中的控制点切换为曲线。单击"检查器"面板上方的"控制"选项卡，展开上方的"笔刷控制"卷展栏，调整"大小"参数，直至检视器中的文字完全消失，如图6-56所示。

图6-56

05 在"检查器"面板的上方单击"Mask"选项卡，勾选"反转"复选框。再次单击"控制"选项卡，展开下方的"笔刷控制"卷展栏，把"写入"参数右侧的圆形滑块拖动到最左侧，把播放头拖动到30帧处，为"写入"参数创建关键帧，如图6-57所示。把播放头拖动到150帧处，把"写入"参数右侧的圆形滑块拖动到最右侧。

06 返回到"剪辑"页面，按空格键播放项目，就能看到手写文字的效果，如图6-58所示。

图6-57

图6-58

6.6 呼出文字：注释文字自动跟踪动画

在视频画面上添加跟随某个物体一起运动的文字，并且在物体和文字之间自动生成连线，这种效果既新奇又具有科技感。本节就利用Fusion的跟踪器节点，配合达芬奇自带的标题模板制作呼出注释文字的动画。

01 在达芬奇里新建一个项目，按快捷键Ctrl+I导入实例教学素材，然后把媒体池里的第一个视频素材插入时间线上。把播放头拖动到1秒处，展开"标题"面板，把"Fusion标题"中的"Call Out"预设拖动到"V2"轨道的播放头位置，如图6-59所示。

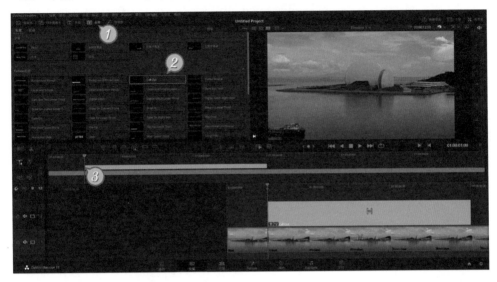

图6-59

02 把标题片段的出点拖动到12秒处，然后在"检查器"面板的文本框中输入"珠海大剧院"，在"字体"下拉菜单中选择"微软雅黑"，把字体样式设置为"Light"，设置"大小"参数为0.04，在"Line"卷展栏中单击颜色框，把颜色设置为白色，如图6-60所示。

03 把播放头拖动到2秒处，然后切换到"Fusion"页面。展开"媒体池"面板，把第一个视频素材拖动到节点面板的空白处，在"检查器"面板中设置"修剪"参数左侧滑块的数值为30。接下来按快捷键Shift+空格搜索并添加跟踪器节点"Tracker1"，如图6-61所示。

图6-60

04 断开"CallOut"和"MediaOut1"节点间的连接，然后把"Tracker1"和"MediaOut1"节点连接到一起，继续把"Call Out"和"Tracker1"节点上的绿色三角标志连接到一起，如图6-62所示。

图6-61

05 选中"Tracker1"节点，在检视器中拖动追踪点左上角的方块标志，把追踪点对准建筑物特征明显的区域，在"检查器"面板的"自适应模式"中单击"最佳匹配"，然后单击▶按钮开始追踪计算，如图6-63所示。

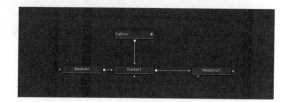

图6-62

图6-63

06 计算结束后在"检查器"面板中单击"操作"选项卡，在"操作"下拉菜单中选择"匹配移动"。现在检视器中已经显示出呼出文字，接下来选中"CallOut"节点，在检视器中分别把呼出文字线条端点处的矩形和文字拖动到适合的位置，如图6-64所示。

图6-64

07 切换到"快编"页面，把播放头拖动到2秒处，然后把"标题"面板里的"Call Out"预设拖动到"V3"轨道的播放头位置。把标题片段的出点拖动到12秒处，在"检查器"面板的文本框中输入"海上加油船"，在"字体"下拉菜单中选择"微软雅黑"，设置"大小"参数为0.05，在"Line"卷展栏中把颜色设置为白色，如图6-65所示。

图6-65

08 把播放头拖动到3秒处，然后切换到"Fusion"页面。展开"媒体池"面板，把第一个视频素材拖动到节点面板的空白处以添加节点"MediaIn1"。在"检查器"面板中设置"修剪"参数左侧的滑块数值为60，如图6-66所示。接下来按快捷键Shift+空格搜索并添加"跟踪器"节点"Tracker1"。

09 断开"CallOut"和"MediaOut1"节点间的连接，然后把"Tracker1"和"MediaOut1"节点连接到一起，继续把"CallOut"和"Tracker1"节点上的绿色三角标志连接到一起，如图6-67所示。

图6-66

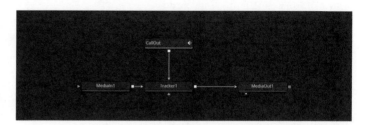

图6-67

10 选中"Tracker1"节点，在检视器中拖动追踪点左上角的方块标志，把追踪点对准加油船，如图6-68所示。在"检查器"面板的"自适应模式"中单击"最佳匹配"，然后单击▶按钮开始追踪计算。

11 计算结束后单击"操作"选项卡，在"操作"下拉菜单中选择"匹配移动"。选中"CallOut"节点，在检视

图6-68

器中分别把呼出文字线条端点处的矩形和文字拖动到适合的位置。切换回"快编"页面，选中"V3"轨道上的片段，在"检查器"面板中单击"设置"选项卡，在"合成模式"下拉菜单中选择"亮化"，如图6-69所示。

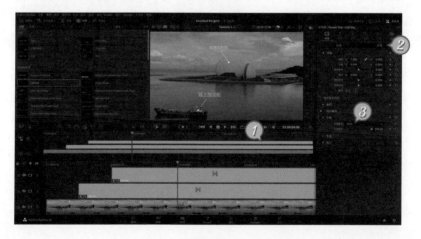

图6-69

6.7 粒子消散：制作文字被风吹散效果

很多类型的影视片头都喜欢用粒子制作标题动画，本节就利用 Fusion的粒子功能制作标题文字变成粒子然后被风吹散的效果。这个实例的制作难度比较高，但是对理解粒子系统和相关节点有很大帮助。

01 在达芬奇里新建一个项目，按快捷键Ctrl+I导入实例教学素材。切换到"剪辑"页面，把媒体池里的第一个视频素材插入时间线上。在媒体池的空白处右击，在弹出的快捷菜单中执行"新建Fusion合成"命令，在弹出的窗口中设置"时长"为8秒后单击"创建"按钮。接下来把Fusion合成拖曳到"V2"轨道上，如图6-70所示。

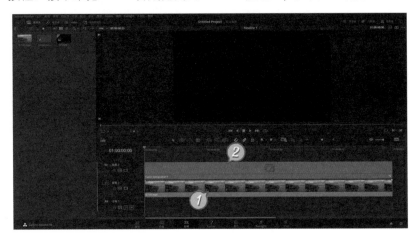

图6-70

02 切换到"Fusion"页面，单击节点面板工具栏上的 **T** 按钮创建文本节点"Text1"，然后把"Text1"和"MediaOut1"节点连接到一起。在"检查器"面板的文本框中输入"粒子消散"，在"字体"下拉菜单中选择"华文隶书"，设置"大小"参数为0.15，如图6-71所示。

03 单击节点面板工具栏上的⬜按钮创建矩形蒙版，在"检查器"面板中勾选"反向"复选框，设置"柔边"参数为0.03，"宽度"参数为1，"高度"参数为2，如图6-72所示。把播放头拖动到30帧处，设置"中心X"参数为－0.25后创建关键帧。把播放头拖动到120帧处，设置"中心X"参数为0.25。

图6-71

图6-72

04 取消所有节点的选择，然后单击节点面板工具栏上的 按钮创建粒子发射器节点 "pEmitter1"，继续单击 按钮创建粒子渲染器节点 "pRender1"。选中 "Text1" 节点，单击节点面板工具栏上的 按钮创建合并节点 "Merge1"，接下来把 "pRender1" 和 "Merge1" 节点连接到一起，如图6-73所示。

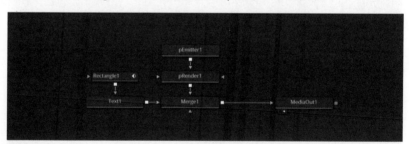

图6-73

05 选中 "pEmitter1" 节点，在 "检查器" 面板中单击 "区域" 选项卡，在 "区域" 下拉菜单中选择 "Bitmap"，然后把 "Text1" 节点拖动到 "区域位图" 文本框中，如图6-74所示。单击 "样式" 选项卡，在 "样式" 下拉菜单中选择 "Blob"，设置 "Noise" 参数为0.5，展开 "Size Controls" 卷展栏，设置 "Size" 和 "Size Variance" 参数均为0.2，如图6-75所示。

06 单击 "控制" 选项卡，设置 "数量" 参数为80，"寿命" 参数为50，在 "速度" 卷展栏中设置 "速度" 参数为0.1，"速度变化" 参数为0.05，"角度" 参数为15，"角度Z轴" 参数为60，如图6-76所示。

图6-74

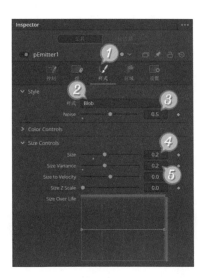

图6-75

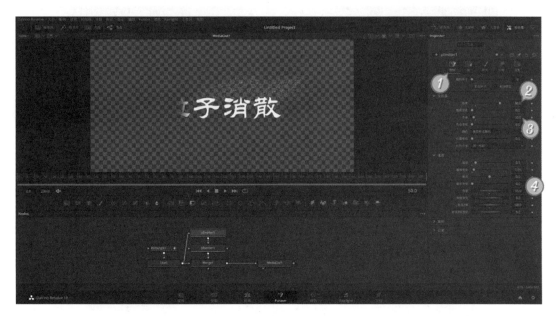

图6-76

07 按快捷键Shift+空格搜索并添加"粒子扰乱"节点"pTurbulence1"，在"检查器"面板中设置"X轴强度"和"Y轴强度"参数均为0.34，"Z轴强度"参数为0.27。选中"pRender1"节点，在"检查器"面板中设置"模糊[2D]"参数为0.2，"辉光[2D]"参数为0.5，如图6-77所示。

08 取消所有节点的选择，按快捷键Shift+空格搜索并添加时间速度节点"TimeSpeed1"，在"检查器"面板中设置"延迟"参数为15。按快捷键Shift+空格搜索并添加通道布尔节点"ChannelBooleans1"，在"检查器"面板的"运算"下拉菜单中选择"相减"，如图6-78所示。

09 断开"Text1"和"pEmitter1"节点的连接，选中"Text1"节点后按快捷键Ctrl+C复制节点，在节点面板的空白处右击，在弹出的快捷菜单中执行"粘贴实例"命令。接下来把"Instance_Text1"和

图6-77

"pEmitter1"节点连接到一起，把"ChannelBooleans1"和"Instance_Text1"节点连接到一起，如图6-79所示。

图6-78

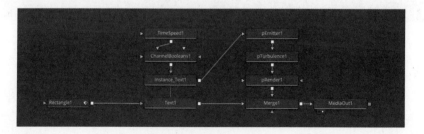

图6-79

10 继续把"Rectangle1"与"ChannelBooleans1"和"TimeSpeed1"节点连接到一起，这样就得到了正确的粒子效果。最后选中"Merge1"节点，按快捷键Shift+空格搜索并添加柔光节点"SoftGlow1"，在"检查器"面板中设置"阈值"和"增益"参数均为0.5，"辉光大小"参数为20，如图6-80所示。

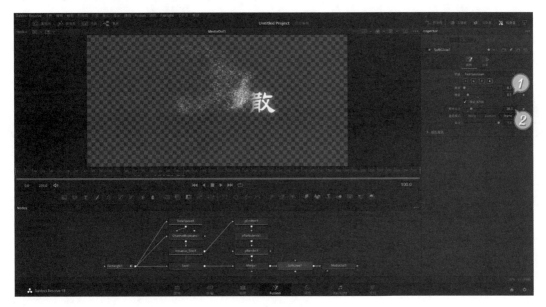

图6-80

DAVINCI RESOLVE 18

达芬奇
视频剪辑与调色

第7章

一级调色：
整体校正画面的颜色

一部影片或视频作品是由很多镜头和片段组成的，由于拍摄设备的生产厂商和型号不同，因此片段之间的曝光和颜色会有很大的差异。即便使用同一部设备拍摄的影片，当拍摄角度、时间和拍摄环境发生变化时，不同镜头间的曝光和颜色也会出现一定程度的偏差。因此，调色过程被分为一级调色和二级调色两个阶段。一级调色阶段的主要任务是对画面整体进行曝光控制和色彩平衡，除了让画面还原真实的颜色以外，还要让影片或视频作品中的所有镜头和片段保持影调和色调的一致性。一级调色阶段以外的所有调色操作都被称为二级调色阶段。本章介绍一级调色阶段。

7.1 | 调色页面：页面的构成和基本操作

达芬奇的调色系统自诞生以来就被誉为后期制作的标准，与强大的调色功能相对应的就是大量的面板和繁多的调色工具。为了达到快速上手的目的，我们先动手制作一个小实例，在实践的过程中了解调色页面的工作流程，以及每个面板的作用和各项基本操作。

01 在达芬奇里新建一个项目，按快捷键Ctrl+I导入实例教学素材，然后把媒体池里的所有素材插入时间线上。接下来我们略过粗剪和精剪的步骤，直接切换到"调色"页面。在默认设置下，调色页面被各种面板划分成6个区域，如图7-1所示。

图7-1

02 占据页面上方中央的依旧是检视器面板。在检视器面板下方的片段面板中，列出了时间线里包含的所有片段，单击一个片段，就能对这个片段进行调色处理。一个片段中包含很多帧画面，进行调色操作前，我们应该在时间线面板上拖动播放头，选出最有代表性的一帧画面，如图7-2所示。

03 时间线面板下方的"一级-校色轮"面板和"曲线-自定义"面板，就是达芬奇为我们提供的调色工具。拖曳"亮度"色轮下方的旋钮，把所有参数设置为0.88；拖曳"暗部"色轮下方的旋钮，把所有参数设置为−0.03；拖曳"中灰"色轮下方的旋钮，把所有参数设置为0.12，画面的曝光和反差就有了一定的改善，如图7-3所示。

图7-2

图7-3

提示
Point out

对片段进行调色时，我们可以按快捷键Alt+F或者单击检视器面板上方的 ⬚ 按钮，切换到增强检视器模式。按快捷键Shift+D或者单击检视器面板上方的 ↻ 按钮，可以查看调色前和调色后的对比效果。

04 位于检视器右侧的是节点面板。这个面板的操作方式和Fusion如出一辙，面板最左侧的绿点代表未经任何调整的原始片段，与绿点连接的缩略图是系统创建的调色节点，我们对片段进行的所有调色操作都会作用到这个节点上。最后，调色节点会把处理结果发送到面板最右侧的输出节点上，如图**7-4**所示。

05 进行比较复杂的调色时，需要使用多种调色工具，如果所有操作都在一个调色节点上完成，那么一旦出现问题就很难找出到底是哪个步骤出了差错。以正在处理的片段为例，如果我们还想进一步调整参数，就可以按快捷键Alt+S，或者在调色节点上右击，在弹出的快捷菜单中执行"添加节点/添加串行节点"命令，如图7-5所示。

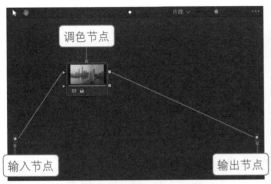
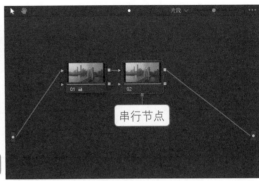

图7-4　　　　　　　　　　　　　　　　　　图7-5

06 在"一级－校色轮"面板中设置"阴影"参数为20，"对比度"参数为1.1，"饱和度"参数为70，"中间调细节"参数为40，我们就在新建的串行节点上完成了第二次调色处理，如图7-6所示。

图7-6

07 创建一个串行节点相当于保存了一次历史记录。如果我们对串行节点上的调整不满意，那么可以按快捷键Shift+Home，或者在节点缩略图上右击，在弹出的快捷菜单中执行"重置节点调色"命令，然后重新进行调色设置，如图7-7所示。

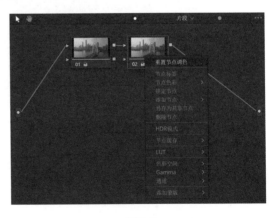

图7-7

08 完成第一个片段的调色后，我们可以按快捷键Ctrl+Alt+G，或者在"检查器"面板上右击，在弹出的快捷菜单中执行"抓取静帧"命令，这样在检视器面板左侧的画廊面板中就能看到刚刚截取的图像，如图7-8所示。

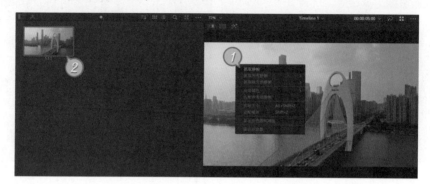

图7-8

09 在片段面板中单击第二个片段，然后把画廊面板中的截图拖动到检视器面板上，则我们对第一个片段进行的所有调色操作就会复制到第二个片段上。继续选中第三个片段，用鼠标中键单击第一个片段，则不用抓取静帧就能把第一个片段上的所有调色操作复制到选中的片段上，如图7-9所示。

图7-9

▶ **提示**
Point out
　　　画廊面板中保存的不仅仅是片段某一帧的截图，还包括对这个片段进行的所有调色设置。我们可以在静帧图像上右击，在弹出的快捷菜单中执行"导出"命令，打开另一个项目后，把静帧图像导入画廊面板中，这样就能跨项目地调取调色设置。

7.2 一级校色轮：理解色轮的工作原理

对调色页面的面板构成和基本操作有了大致了解后，接下来就来介绍每种调色工具的使用方法。一级校色轮是达芬奇中最直观且使用频率极高的调色工具，本节中我们先要理解校色轮的各项参数和图像间的对应关系，然后才能有效率地利用这个工具进行调色。

01 在达芬奇里新建一个项目，切换到"剪辑"页面后展开"特效库"面板。在左侧的列表中单击"生成器"，然后把"灰渐变"生成器拖动到时间线上，在灰渐变片段上右击，在弹出的快捷菜单中执行"新建复合片段"命令，如图7-10所示。

图7-10

02 切换到"调色"页面，单击调色工具栏右侧的 ⌊⩘ 按钮展开"示波器"面板，继续单击"示波器"面板上方的 ⌄ 按钮，在弹出的菜单中选择"波形图"。拖曳"暗部"色轮下方的旋钮，通过波形图和检视器可以看到，无论增大还是减小暗部参数，这个色轮只会影响图像上的黑色和灰色区域，对白色区域没有任何影响，如图7-11所示。

03 单击"暗部"色轮右上角的 ↺ 按钮将参数恢复为默认值，接下来拖曳"亮部"色轮下方的旋钮，可以看到与暗部色轮正好相反的调整结果，如图7-12所示。

图7-11

图7-12

提示
Point out

　　单击"一级-校色轮"面板右上角的 ⊕ 按钮，能把面板中的所有参数恢复为默认值。

04 拖曳"中灰"色轮下方的旋钮，这一次色轮的参数变化只会影响黑色和白色之间的灰色区域，对纯白和纯黑的区域没有影响，如图7-13所示。

05 最后我们拖曳"偏移"色轮下方的旋钮，调整的结果是把图像原封不动地移向白色或黑色一侧，如图7-14所示。

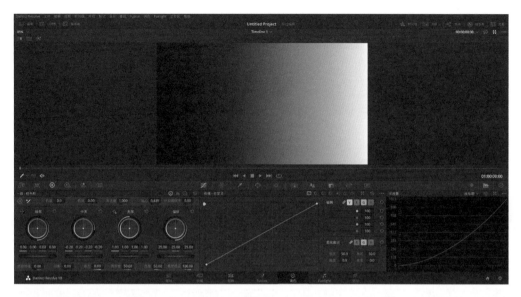

图7-13

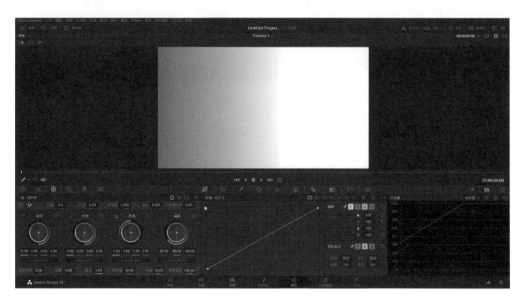

图7-14

06 大致理解了每个色轮的作用原理后，我们按快捷键Ctrl+I导入实例教学素材，在页面的左上方展开"媒体池"面板，然后在素材缩略图上右击，在弹出的快捷菜单中执行"使用所选片段新建时间线"命令，接下来按快捷键Alt+S添加一个串行节点，如图7-15所示。

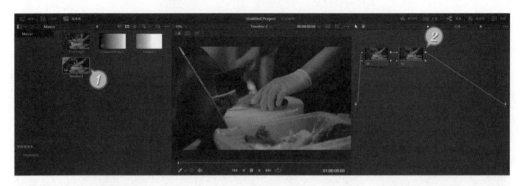

图7-15

07 当前的画面整体偏暗，而且色彩偏黄，拖曳"中灰"色轮下方的旋钮，把所有参数设置为0.03，提高灰色区域的亮度；接下来拖曳"亮部"色轮下方的旋钮，把所有参数设置为1.2，让画面的高光区域更亮，如图7-16所示。

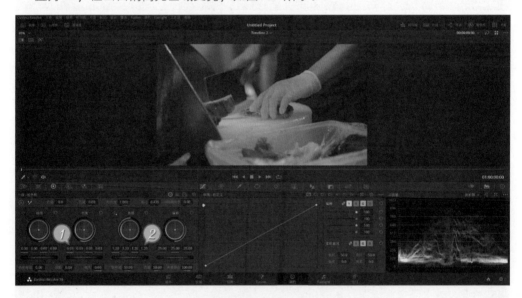

图7-16

08 接下来把"色温"参数设置为−4000。偏色的问题虽然得到了很大的改善，但是仍然略微偏黄。拖曳"中灰"色轮中心的圆点，让圆点向黄色对面的蓝色区域靠近，通过增加蓝色信息来抵消画面中的黄色。如图7-17所示。

09 把光标移动到"亮度"色轮的蓝色通道参数上，向右拖曳鼠标增加数值，让画面的高亮区域恢复为正常的白色。最后调整"暗部"色轮的绿色和蓝色通道参数，消除画面暗部区域的偏色。如图7-18所示。

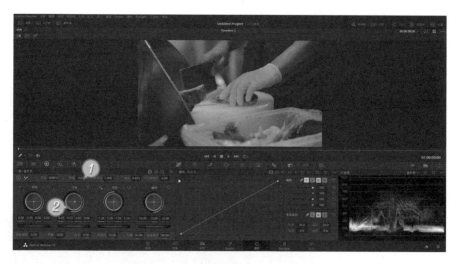

图7-17

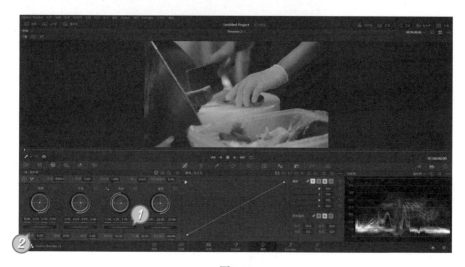

图7-18

7.3 看懂示波器：掌握色彩调整的依据

对于颜色，每个人都有不同的感受和偏好，再加上显示设备间的指标差异，如果只靠肉眼观察和感觉来调色，就很难还原画面的真实色彩。为了解决这个问题，达芬奇提供了很多种可以把画面中的颜色转换

成可读数据化信息的示波器。本节就来介绍示波器的原理，以及利用示波器分析画面的方法。

01 在达芬奇里新建一个项目，按快捷键Ctrl+I导入实例教学素材，然后把媒体池里的素材插入时间线上。切换到"调色"页面，单击"示波器"面板上方的 ⚎ 按钮最大化显示。在默认设置下，面板中显示了波形图、分量图、矢量图和直方图四种示波器，如图7-19所示。

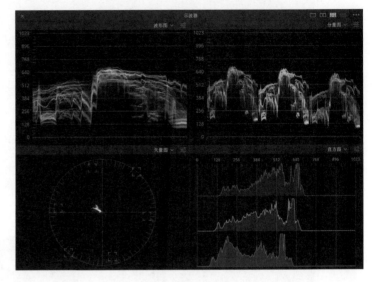

图7-19

02 单击"示波器"面板上方的 ▭ 按钮切换到单窗口模式，然后把示波器切换为"波形图"。波形图主要用来分析画面的曝光和反差，波形图的纵坐标表示亮度，底部坐标0代表纯黑，顶部坐标1023代表纯白；波形图的横坐标代表画面每一列像素的亮度。我们把波形图和画面叠加到一起，就能更容易地理解波形图要表达的信息，如图7-20所示。

图7-20

▶ **提示**
Point out 单击"示波器"面板右上角的 ···· 按钮，在弹出的菜单中可以设置示波器的长宽比和显示质量。

03 从波形图上看，色彩信息主要集中在纵坐标128～640的区域，由于暗部和亮部缺乏色彩信息，所以画面看起来缺乏对比。在"一级－校色轮"面板中把"对比度"参数设置为1.3，波形的分布范围就会加大，接下来拖曳"暗部"色轮下方的旋钮，把所有参数设置为－0.05，让波形的底部接近纵坐标0，也就是俗称的"黑电平触底"，如图7-21所示。

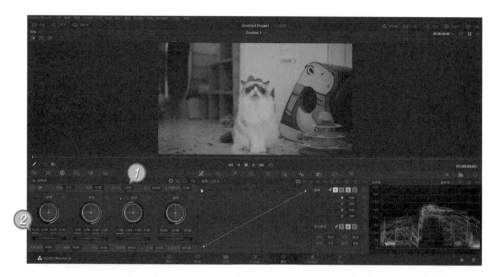

图7-21

04 拖曳"亮部"色轮下方的旋钮，把所有参数设置为1.1，提高画面高光区域的亮度，如图7-22所示。与黑电平相对应，波形的顶部被称为"白电平"，白电平的高度一般被设置在纵坐标768左右，以免画面曝光过度。

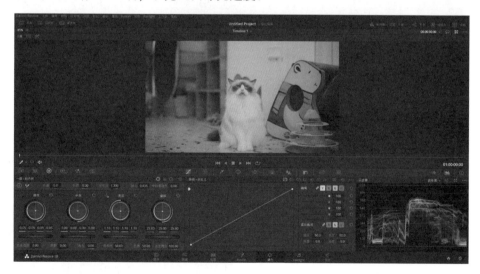

图7-22

05 把"示波器"面板中的波形图切换为"分量图"，分量图在波形图的基础上把红、绿、蓝三个颜色通道分离开，主要用来分析画面的色彩平衡。当前的分量图上蓝色通道的波形最窄，导致色度盘上蓝色对面的黄色成为画面主导，如图7-23所示。

06 把"色温"参数设置为－550，分量图上三个通道的顶部就基本对齐了。接下来调整"暗部"色轮的红色和绿色参数，让三个通道的底部对齐。接下来我们再次拖曳"暗部"和"亮部"色轮下方的旋钮，让黑电平触底，白电平位于纵坐标768左右。如图7-24所示。

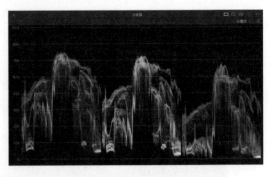

图7-23

图7-24

07 把"示波器"面板中的波形图切换为"直方图"，直方图把波形图的坐标翻转过来，横坐标0代表纯黑，1023代表纯白。当我们减小"偏移"色轮的参数时，画面中的白色和灰色像素就会向黑色偏移，波形主要集中在坐标的左侧，导致画面呈现出暗调风格，如图7-25所示。

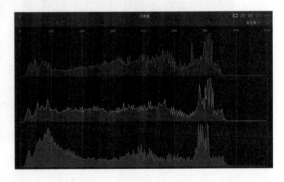

图7-25

08 增大"偏移"色轮的参数，让波形分布在坐标的中央，画面就会呈现标准曝光的中间调风格，如图7-26所示。

图7-26

09 最后我们把"示波器"面板中的波形图切换为"矢量图"（见图7-27），矢量图主要用来分析画面的色彩倾向和饱和度，矢量图中用英文首字母标注了红、绿、蓝、黄、品、青的颜色方向，波形靠近哪种颜色，画面就倾向于哪种颜色。波形距离中心越远，饱和度就越高，反之饱和度越低。

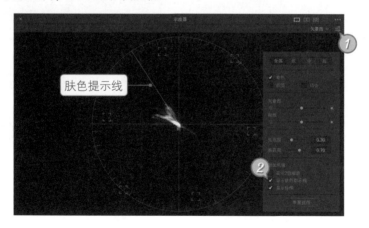

肤色提示线

图7-27

▶ **提示**
Point out
无论什么人种，皮肤的基础颜色都是橙色。给皮肤调色时，我们可以在"示波器"面板中切换到"矢量图"，然后单击"示波器"面板右上方的 ⚙ 按钮，在弹出的窗口中勾选"显示肤色指示线"复选框。如果皮肤的颜色偏离矢量图中的白线，说明皮肤的颜色不自然或者画面偏色，如图7-27所示。

7.4 | 提高效率：利用自动平衡快速调色

在第3章的内容中提到过，在"快编"页面单击检视器下方的 ☰ 按钮，继续单击 ❖ 按钮就能给画面自动调色。这项功能虽然使用起来非常简单，但是有很大的局限性，很多时候不能直接得到理想的调色效果。本节就把自动调色功能和校色轮结合起来，更有效率地完成调色工作。

01 在达芬奇里新建一个项目，按快捷键Ctrl+I导入实例教学素材，然后把媒体池里的所有素材插入时间线上。切换到"调色"页面，按快捷键Ctrl+S创建一个串行节点，如图7-28所示。

图7-28

02 把播放头拖动到3秒处，然后单击检视器面板上方的 ⿻ 按钮进入增强模式。当前的画面略微偏黄，单击"一级－校色轮"面板左上方的 ✎ 按钮，在检视器中单击应该是白色的位置，画面的偏色问题就会有很大改善，如图7-29所示。

03 单击"一级－校色轮"面板左上方的 Ⓐ 按钮，软件就会自动调整画面的亮度和颜色。自动调色后的画面颜色有些过度曝光，而且略微偏蓝。接下来我们拖动"暗部"色轮下方的旋钮，让黑电平整体上移，然后分别拖曳"暗部"色轮的红、绿、蓝参数，让黑电平的底部对齐，如图7-30所示。

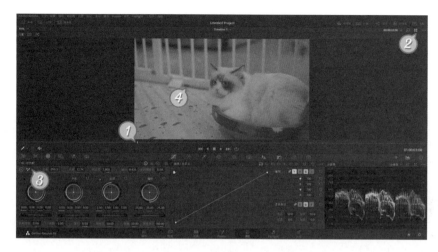

图7-29

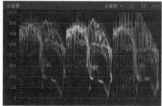

图7-30

04 拖曳"亮部"色轮的红、蓝参数，让白电平的顶部对齐，拖曳"亮部"色轮下方的旋钮，让白电平位于比坐标768稍高的位置，即可完成画面的调色，如图7-31所示。

图7-31

05 在片段面板中单击第二个片段，然后按快捷键Alt+S创建串行节点。拖动时间线面板上的播放头，找到一帧比较重要的画面，单击"一级－校色轮"面板上的⚬⚬按钮，在画面上应该最黑的位置单击；继续单击⚬⚬按钮，在画面上应该是白色的位置单击，这样画面上的曝光和白平衡就准确了很多，如图7-32所示。

图7-32

06 接下来单击"一级－校色轮"面板左上方的Ⓐ按钮进行自动调色，然后拖曳"暗部"色轮的绿色和蓝色参数，让黑电平对齐并触底；继续拖曳"亮度"色轮下方的旋钮，调整白电平的高度，如图7-33所示。

图7-33

07 在"示波器"面板中切换到"直方图"，通过直方图的波形可以看出，现在画面整体偏向暗调。拖曳"中灰"色轮下方的旋钮，让波形向右偏移，就能得到更加均衡的曝光效果，如图7-34所示。

图7-34

08 如果需要对画面进行更加精细的调整，可以单击"一级－校色轮"面板右上方的 按钮切换到Log色轮，如图7-35所示。Log色轮的原理和一级校色轮相同，区别是一级校色轮对区域的影响是线性的，而Log色轮的影响是一条曲线。

图7-35

09 在"一级－log色轮"面板上把第一个"范围"参数设置为0.2，这个参数决定了色轮的影响范围。拖动"阴影"色轮下方的旋钮，画面上原本死黑的区域就会呈现出一定的明暗过渡，其他灰度区域受到的影响则微乎其微，如图7-36所示。

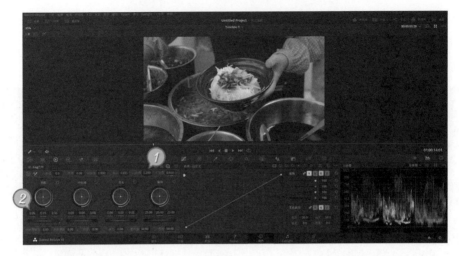

图7-36

7.5 调整曲线：利用曲线调整明暗对比

　　绝大多数图像处理软件和后期合成软件中都有曲线调色工具。从功能方面讲，曲线工具和校色轮的作用是相同的，只不过调整色彩的方式有所区别。使用校色轮还是曲线进行调色，主要取决于用户的个人习惯和偏好。

01 在达芬奇里新建一个项目，按快捷键Ctrl+I导入实例教学素材，然后把媒体池里的素材插入时间线上。切换到"调色"页面，在"示波器"面板中切换到"直方图"。简单对比就能发现，曲线面板中显示的波形其实就是三个颜色通道叠加到一起的直方图，如图7-37所示。

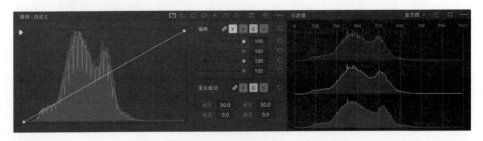

图7-37

02 曲线左下角的圆点代表纯黑，右上角的圆点代表纯白，两个圆点之间的连线记录了画面从黑到白的所有亮度信息。我们把光标移动到检视器画面上，光标显示为 ✦ 时在任意位置单击，这个位置的亮度就会投射到曲线上，生成一个锚点，如图7-38所示。

图7-38

03 曲线的X轴代表输入值，即画面调整前的亮度；Y轴代表输出值，也就是画面调整后的亮度。向上拖动曲线中间的锚点，当输出值大于输入值时，画面就变亮了；向下拖动曲线中间的锚点，当输出值小于输入值时，画面就变暗了，如图7-39所示。

图7-39

04 大致了解了曲线的调色原理后，接下来就来介绍这个工具的使用方法。我们在网络上下载的一些视频看起来灰蒙蒙的，这是因为摄影设备为了最大限度地保留高光和阴影部分的细节，会用一种叫作Log模式的曲线来记录影像，如图7-40所示。

05 对于这种视频，我们只要在曲线上单击创建两个锚点，然后拖动锚点把曲线调整为与Log曲线相反的形状，就能还原画面的正常亮度和颜色，如图7-41所示。这是曲线工具的第一种经典用法。

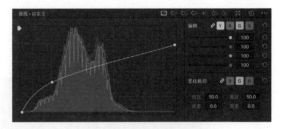

图7-40

图7-41

 提示
Point out

在新建的锚点上右击，就能将它删除。

06 曲线工具的第二种经典用法就是在曲线上添加两个锚点，然后把曲线调整成S形，通过加深暗部和提高亮部的方式来增强画面的对比度，如图7-42所示。

07 我们还可以单击"曲线－自定义"面板右上角的···按钮，在弹出的菜单中执行"添加默认锚点"命令，曲线上就会自动添加四个均匀分布的锚点，利用这些锚点可以精确地调整画面每个区域的明暗分布，如图7-43所示。

提示
Point out

单击"曲线－自定义"面板右上角的···按钮，在弹出的菜单中执行"可编辑的样条线"命令，锚点上就会出现两个控制柄，利用控制柄可以更加精细地调整曲线的形状，或者制作比较夸张的对比风格。

图7-42

图7-43

08 在片段面板中单击第二个片段。在默认设置下，曲线的亮度和颜色通道是链接到一起的。在"曲线－自定义"面板的右侧单击 ⌐ 按钮取消链接，现在的画面严重偏蓝，我们可以单击"B"通道，然后单独降低蓝色通道的曲线，如图7-44所示。

09 接下来单击"R"通道，通过添加红色来进一步减小偏色。如果添加了过多的红色，不用急着调整曲线，可以利用通道按钮下方的参数来调整曲线对颜色的影响程度，如图7-45所示。

图7-44

图7-45

7.6 颜色匹配：让视频具有一致的色觉

　　不管是早期的胶片还是现在的数码设备，因为感光材料的差别、设备的生产厂商不同、拍摄环境发生变化等原因，不同的镜头和片段间总会产生一定的色差和明暗变化。一级调色阶段最主要的任务就是尽可能地消除这些差异。

01 在达芬奇里新建一个项目，按快捷键 Ctrl+I导入实例教学素材，然后把媒体池里的素材插入时间线上。切换到"调色"页面，通过片段面板中的缩略图可以看到，尽管是同一台设备在相同场景下拍摄出来的画面，但是因为视角和环境光线的变化，每个片段的明暗和颜色都有一定的差异，如图7-46所示。

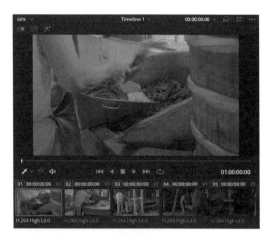

02 镜头匹配顺序是先调光后调色。按快捷键Alt+S依次为所有片段添加串行节点。

图7-46

在片段面板中单击第一个片段，然后按住Shift键单击最后一个片段，选中所有片段后在缩略图上右击，在弹出的快捷菜单中执行"添加到新群组"命令，在弹出的窗口中输入群组名称后单击"OK"按钮，如图7-47所示。

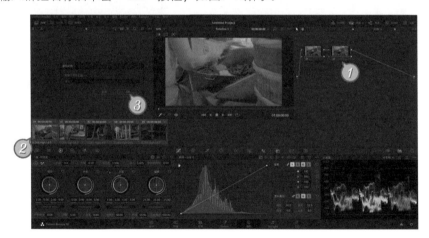

图7-47

03 在节点面板的上方切换到"片段后群组"，按快捷键Alt+S新建串行节点，接下来在"一级－校色轮"面板中设置"饱和度"参数为0，如图7-48所示。

04 在节点面板上方切换到"片段"，然后在页面的右上角打开"光箱"面板，拖动面板上方的圆形滑块把缩略图的尺寸调整到最大。单击第三个片段，我们用这个明暗效果相对最好的片段作为匹配的基准。单击"光箱"面板左上方的"调色控制工具"，在"示波器"面板中切换到"分量图"。如图7-49所示。

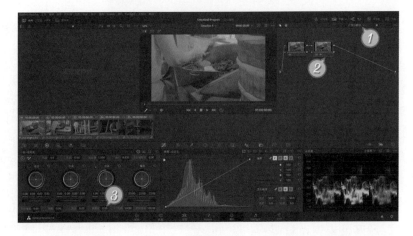

图7-48

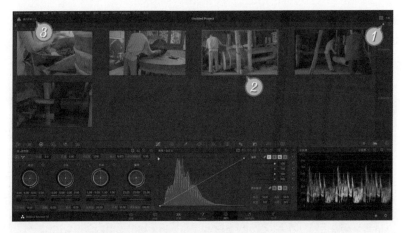

图7-49

05 在"一级－校色轮"面板中拖动"暗部"色轮下方的旋钮，让分量图波形的黑电平触底。拖动"亮部"色轮下方的旋钮，让白电平位于纵坐标768左右。参照调整好的片段，依次调整其余片段的曝光度和对比度，结果如图7-50所示。

图7-50

06 关闭"光箱"面板后在片段面板中选择第三个片段，在检视器画面上右击，在弹出的快
捷菜单中执行"抓取静帧"命令。单击检视器面板左上角的▣按钮，然后在片段面板中
选择第一个片段，这样就能在检视器面板中对比两个片段之间的差异，如图7-51所示。

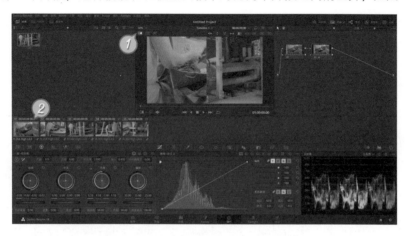

图7-51

提示
Point out
　　把光标移动到检视器画面上，按住左键不放左右拖曳，可以调整对比画面各自所占的
比例。

07 确认所有片段之间没有差异后单击检视器面板上的▣按钮关闭划像模式。在节点面板
的上方切换到"片段后群组"，把串行节点删除后切换回"片段"。按快捷键Alt+S依
次为所有片段添加第二个串行节点，如图7-52所示。

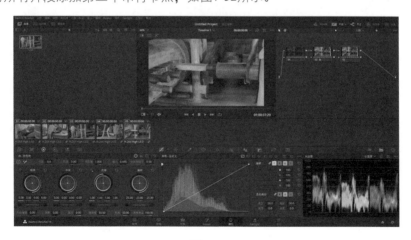

图7-52

08 展开"光箱"面板后选中第三个片段,在"示波器"面板中切换到"矢量图"。分别拖曳"中灰"色轮下方的红、绿、蓝参数,让矢量图中的波形集中在坐标中部,设置"饱和度"参数为60,矢量图中的波形就会变大,如图7-53所示。

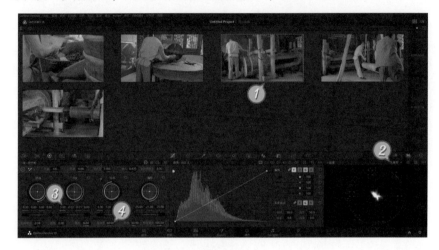

图7-53

09 选中第一个片段,同样调整"中灰"色轮下方的红、绿、蓝参数,然后利用"饱和度"参数调整波形的大小。先让两个片段的波形位置和大小大致相同,然后在检视器上观察画面,再进行细微的调整,让两个片段的色调和饱和度尽可能地接近,如图7-54所示。

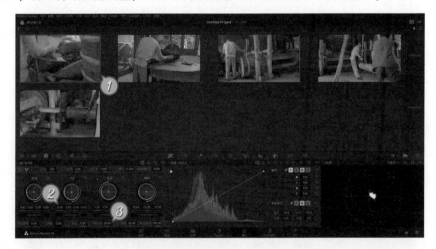

图7-54

10 使用相同的方法逐个调整片段,直至所有片段都具有大致相同的明暗度和色调,结果如图7-55所示。

图7-55

7.7 颜色查找表：用LUT文件快速调色

LUT是LookUp Table的缩写，即颜色查找表。利用LUT文件可以把一组RGB值输出为另一组RGB值，从而改变画面的曝光与色彩。本节就来介绍使用LUT文件调色，以及导入和导出LUT文件的方法。

01 在达芬奇里新建一个项目，按快捷键Ctrl+I导入实例教学素材，然后把媒体池里的素材插入时间线上。切换到"调色"页面，按快捷键Alt+S在节点面板中创建四个串行节点，如图7-56所示。

图7-56

02 选中第一个串行节点，在页面的左上方展开"LUT库"面板，在左侧的列表中单击"DJI"，面板中就会显示出适用于大疆无人机的LUT文件。双击第二个LUT文件的缩略图，画面的曝光和颜色就可以恢复正常，如图7-57所示。

图7-57

03 在节点面板中选中第二个串行节点，在"LUT库"面板的列表中单击"RED"，然后双击LUT文件的缩略图。为画面添加调色LUT后，画面的颜色有些过于鲜艳，我们可以单击"曲线－自定义"面板上方的 ▄ 按钮展开"键"面板，设置"键输出"参数为0.8，如图7-58所示。

图7-58

04 LUT调色不是万能的，我们还可以利用校色轮和曲线工具进一步调整画面的风格。在节点面板中选中第三个串行节点。在"一级－校色轮"面板中设置"色调"参数为－80，"阴影"参数为15，"饱和度"参数为45，"中间调细节"参数为30，如图7-59所示。

图7-59

05 拖曳"亮度"色轮下方的旋钮，把所有参数设置为0.92。继续在曲线面板上添加两个锚点，把曲线调整为S形，增强画面的对比度，如图7-60所示。

图7-60

06 在页面的右上方展开"特效库"面板，然后把"Resolve FX风格化"中的"暗角"效果器拖曳到节点面板的第四个串行节点上，接下来在"特效库"面板中设置"大小"参数为1，如图7-61所示。

图7-61

07 在片段面板的第一个片段缩略图上右击，在弹出的快捷菜单中执行"生成LUT/65点Cube"命令，就能把这个片段上的所有调色设置保存为cube格式的文件，如图7-62所示。

图7-62

08 单击页面右下角的✿按钮打开"项目设置"窗口，单击"色彩管理"选项后，在"查找表"选项组中单击"打开LUT文件夹"按钮，把上一步导出的LUT文件复制到打开的文件夹里，然后在"项目设置"窗口中单击"更新列表"按钮，如图7-63所示。

09 在调色页面的"LUT库"面板中单击"LUTs"，就能看到导入的LUT文件缩略图，如图7-64所示。

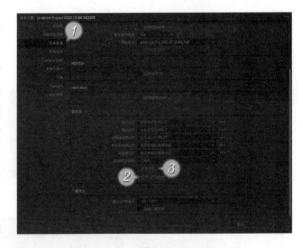

图7-63

图7-64

DAVINCI RESOLVE 18

达芬奇
视频剪辑与调色

第8章

二级调色：
调整画面的局部颜色

二级调色是一种非常宽泛的说法，就像粗剪和精剪一样。在一级调色阶段，我们会把整个画面当作一个整体进行曝光控制、色彩平衡和镜头匹配。画面经过一级调色后，如果局部区域出现的偏暗、饱和度过高等问题，就要通过二级调色进行修正。除此之外，二级调色阶段还要根据影片的风格或某段剧情的需要建立色彩基调，利用色彩的视觉感受和表现特征营造特定的氛围和风格。

8.1 二级调色工具：HDR色轮和并行节点

随着调色功能的不断增强，一级调色和二级调色之间的界限变得越来越模糊，达芬奇也不再刻意用名称来区分一级调色工具和二级调色工具。但是在习惯上，我们还是把主要用来调整局部色彩的工具都称作二级调色工具。本节要介绍的是HDR调色轮和并行节点的使用方法。

01 在达芬奇里新建一个项目，按快捷键Ctrl+I导入实例教学素材，然后把媒体池里的素材插入时间线上。切换到"调色"页面，按快捷键Alt+S创建一个串行节点，我们利用这个节点大致调整画面的明暗对比，如图8-1所示。

图8-1

02 在"一级－色轮"面板中拖曳"暗部"色轮下方的旋钮，把所有参数设置为－0.02；拖曳"中灰"色轮下方的旋钮，把所有参数设置为0.02；拖曳"亮部"色轮下方的旋钮，把所有参数设置为0.85；继续设置"阴影"参数为30，如图8-2所示。

图8-2

03 按快捷键Alt+S再创建一个串行节点，单击调色工具栏上的⊕按钮切换到"高动态范围"面板，继续单击⊡按钮把面板完全展开。在"分区"窗口中可以看到，这个面板上提供了六个用来调整不同明暗区域的色轮，以及一个可以调节全局颜色的Global色轮。因为面板的显示空间不足，所以我们需要单击面板上方的 **<** 和 **>** 按钮显示出隐藏的色轮，如图8-3所示。

图8-3

04 "分区"窗口的右侧有一个背景为直方图的曲线窗口，曲线窗口上方用 **<** 和 **>** 标记了每个色轮的调整范围。我们在"分区"窗口中单击"Shadow"，曲线窗口中就会突出显示顶部带有 **<** 标记的一条竖线，标记表示Shadow色轮可以调整从这条竖线开始一直到最左侧纯黑区域的这一段范围，如图8-4所示。

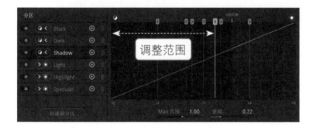

图8-4

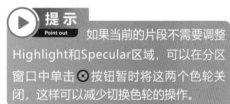

提示 Point out　如果当前的片段不需要调整Highlight和Specular区域，可以在分区窗口中单击⊙按钮暂时将这两个色轮关闭，这样可以减少切换色轮的操作。

05 按住Shadow色轮左上角的◉按钮，检视器中彩色显示的区域就是这个色轮的调整范围。向下拖曳Shadow色轮中心的圆点，把"Y"参数设置为-0.1，阴影区域的颜色就会偏向绿色，画面上的树木变得更绿，海水变得更青，如图8-5所示。

06 拖曳Shadow色轮左侧的滑杆，或者在曲线窗口中拖曳带有 **<** 标志的竖线，把"Max范围"参数设置为－0.2，这样可以减小色轮的作用范围；拖曳Shadow色轮右侧的滑杆，把"衰减"参数设置为0.2，可以让颜色的过渡更加平滑，如图8-6所示。

07 把Black色轮中心的圆点向上拖，把"Y"参数设置为0.1；继续拖曳Black色轮右侧的滑杆，把"衰减"参数设置为0.25，让曲线暗区的末端变回一条直线，这样可以有效减少画面暗区的偏色，如图8-7所示。

图8-5

图8-6

图8-7

08 在节点面板的第三个串行节点上右击，在弹出的快捷菜单中执行"添加节点/添加并行节点"命令，或者按快捷键**Alt+P**创建并行节点，如图8-8所示。

▶ **提 示**
Point out

串行节点会把已经进行过的调色操作层层传递，修改其中一个节点的局部颜色，就会影响后续的所有节点；而平行节点可以从一个节点上分离出多条一模一样的分支，分支之间相互不受影响；所以对画面的局部区域进行调色时，一般使用并行节点。

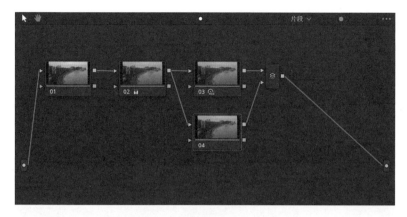

图8-8

09 在"高动态范围"面板中拖曳Light色轮中心的圆点，把"X"参数设置为−0.04，"Y"参数设置为0.06，画面中天空区域就会增加橙色，呈现出使用了摄影滤镜般的效果，如图8-9所示。

图8-9

10 拖曳Light色轮左侧的滑杆，把"Max范围"参数设置为−2.25；拖曳Light色轮右侧的滑杆，把"衰减"参数设置为0.5；继续在Light色轮下方设置"曝光"参数为0.25，"饱和度"参数为0.85，如图8-10所示。

11 在节点面板中单击两个并行节点交汇的并行混合器，按快捷键Alt+S创建串行节点，然后单击曲线窗口上方的🌢🔺按钮展开"模糊"面板，拖动"半径"色条，把RGB参数均设置为0.45，给整个画面增加一些锐化效果，如图8-11所示。

图8-10

图8-11

8.2 二级调色工具：扩展曲线和限定器

二级调色工具的核心功能是建立选区，二级调色工具之间的主要区别就是建立选区的方式和依据不同。从这个角度来讲，本节要介绍的扩展曲线和限定器比较类似，两者都能根据画面上的色相、明暗度和饱和度建立选区，然后对选区范围内的颜色进行重新映射。

01 在达芬奇里新建一个项目，按快捷键Ctrl+I导入实例教学素材，然后把媒体池里的素材插入时间线上。切换到"调色"页面，在片段面板中选择第一个片段，按快捷键Alt+S创建一个串行节点，如图8-12所示。

图8-12

02 在"曲线－自定义"面板的右上方可以看到一排切换按钮，单击其中的 📈 按钮切换到
"曲线－色相对色相"面板。这个面板用色相条和直方图显示了当前画面的色相分布情
况，在"一级－校色轮"面板中增大"色相"参数，图像上的所有像素就会向色相条的
左侧偏移，减小"色相"参数，所有像素就会向色相条的右侧偏移，如图8-13所示。

图8-13

03 单击"一级－校色轮"面板右上角的 ↻ 按钮重置参数，接下来单击"曲线－色相对
色相"面板下方的黄色圆点，曲线上就会添加三个锚点，把画面上的黄色区域选取出
来。向下拖动中间的锚点，画面上的黄色区域就会向右侧的绿色色相偏移，向上拖动
中间的锚点，画面上的黄色区域就会向左侧的红色色相偏移，如图8-14所示。

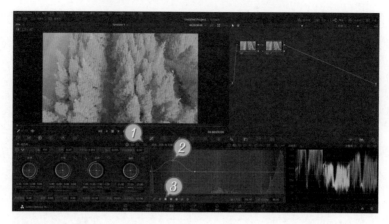

图8-14

04 我们还可以用吸管在检视器上直接拾取想要改变的颜色，然后向上或向下拖动中间的锚点，改变这个区域的色相。沿着水平方向移动两侧的锚点，可以增大选择区域的范围。在曲线上单击增加新的锚点，可以对画面上的更多色相进行调整，如图8-15所示。

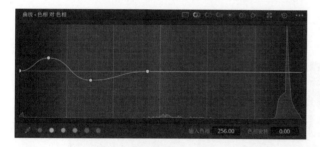

图8-15

提示
Point out

和自定义曲线的操作一样，在锚点上右击就能把这个锚点删除。选中一个锚点后单击面板下方的 ⌀ 按钮，可以利于锚点上的手柄更加精细地调整曲线的形状。

05 改变色相后，画面上树木的高光区域看起来太亮了。单击曲线面板上方的 ◖◖ 按钮切换到"曲线－色相对亮度"面板，如图8-16所示。从面板的名称就能分析出，在这个面板里

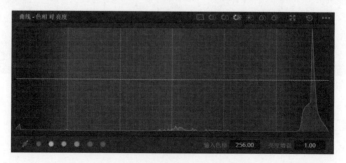

图8-16

06 用吸管在检视器画面上的高亮区域单击拾取选区，向下拖动中间的锚点降低这个区域的亮度，左右拖动两侧的锚点调整选区的范围，如图8-17所示。

图8-17

07 接下来介绍限定器的使用方法。在片段面板中选择第二个片段后按快捷键Alt+S创建串行节点，单击调色工具栏上的✐按钮切换到"限定器－HSL"面板，用吸管在检视器上单击花朵，再单击检视器面板左上角的✐按钮，就能看到拾取的颜色已经被扣取出来，如图8-18所示。

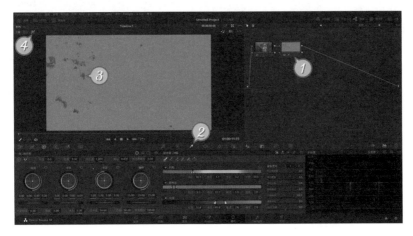

图8-18

08 单击限定器面板上方的✐按钮，在拾取的颜色周围单击，把画面上的所有花朵都选取出来。如果选中了其他颜色，可以单击限定器面板上方的✐按钮，在多选的颜色上单击来将它去除，结果如图8-19所示。

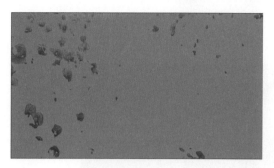

图8-19

09 在"限定器"面板的色条上用黑色括号和三角显示了选区范围,左右拖曳括号可以增大或减小选区,左右拖曳三角可以调整柔化区域的大小。单击检视器面板右上方的▣按钮,把画面切换为黑白模式,画面中的白色区域就是当前选中的选区,如图8-20所示。

图8-20

10 在"蒙版优化"窗口中调整"净化黑场"和"净化白场"参数,分别消除黑色区域和白色区域中的噪点;调整"黑场裁切"和"白场裁切"参数,让灰色的柔化区域向黑色或白色偏移;调整"模糊半径"参数可以控制白色区域边缘的模糊程度。单击检视器面板右上方的✧按钮返回彩色显示状态,然后单击"限定器-HSL"面板上方的✧按钮反转选区。如图8-21所示。

11 调整"蒙版优化"窗口中的"入/出比例"参数,可以扩展或收缩选区的范围。单击"蒙版优化"右侧的"2"显示出更多参数,修改"后处理滤镜"参数可以对选区的细节进行优化处理,如图8-22所示。

图8-21

12 在"一级－校色轮"面板中设置"饱和度"参数为0，拖曳"暗部"色轮下方的旋钮，把所有参数设置为－0.04，拖曳"亮部"色轮下方的旋钮，把所有参数设置为1.2，就能得到画面中只有一种颜色的色相分离效果，如图8-23所示。

13 在片段面板中选中第三个片段，按快捷键Alt+S创建串行节点，单击"限定器－HSL"面板右上角的 ✗ 按钮切换到"限定器－3D"面板。按住鼠标左键不放，用吸管工具直接在检视器画面上拖动选中要拾取的颜色，单击 ✗ 按钮后在另一个区域拖动，就能把这个区域的颜色添加到"笔画"窗口上，如图8-24所示。

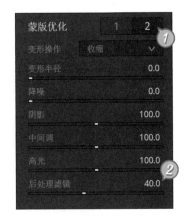

图8-22

图8-23

提示 Point out

在"笔画"窗口中单击拾取颜色右侧的 🗑 按钮，就能把这个颜色从选区列表中删除。

图8-24

14 用"蒙版优化"窗口中的参数优化选区范围后，就可以利用校色轮面板中的工具对选区范围内的颜色进行调整，如图8-25所示。

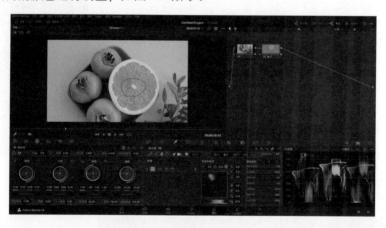

图8-25

8.3 色彩扭曲器：用蜘蛛网的方式调色

　　色彩扭曲器是一个非常独特的调色工具，其特别之处在于，这个工具不但用非常直观的方式对画面上的色彩模型进行重新映射，还能同时调整色相和饱和度。学会使用色彩扭曲器后，很多原本比较复杂的调色操作，一下子就变得简单起来。

01 在达芬奇里新建一个项目，按快捷键Ctrl+I导入实例教学素材，然后把媒体池里的素材插入时间线上。切换到"调色"页面，按快捷键Alt+S创建一个串行节点。单击调色工具栏上的❀按钮切换到"色彩扭曲器－色相－饱和度"面板，如图8-26所示。

图8-26

02 色彩扭曲器的背景使用了与色轮相同布局的色相盘，在色相盘的中央显示了用来分析画面颜色倾向的矢量图。在色彩扭曲器下方的第一个下拉菜单中选择"8"，色彩扭曲器中的"网"就会变成八边形，这样可以提高调色的精确度，如图8-27所示。

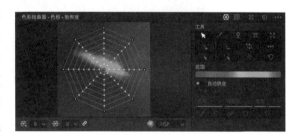

图8-27

03 用吸管工具在检视器画面上单击，色彩扭曲器中就会用红色标记出对应颜色的点。把这个点向中心的圆点靠拢，这个颜色的饱和度就会降低；反之，饱和度就会增加。把这个点拖动到别的色相上，选中的颜色就能改变色相，如图8-28所示。

04 单击"色彩扭曲器－色相－饱和度"面板右上角的⊕按钮恢复默认形状，然后把色彩扭曲器中心的点后向右下方拖动，整个画面的色调就会向青色偏移。接下来依次拖曳"网"上的八个端点，让它们分别在左上角和右下角集中，就能得到青橙风格的画面，如图8-29所示。

05 单击"色彩扭曲器－色相－饱和度"面板右上方的▦按钮，切换到色度－亮度色彩扭曲器，在左侧的扭曲器中选择右上角的点，将它向左侧的黄色相方向移动，画面中的橙色就会增加；选中左下角的点后略微向上移动，可以提高青色区域的亮度，如图8-30所示。

图8-28

图8-29

图8-30

提示 Point out

选中扭曲器和曲线上的点后，拖曳鼠标时按住Shift键，则点只能沿着水平或垂直两个方向移动。

06 除了青橙色调以外，黑金风格的夜景也非常流行。在节点面板的第二个串行节点上右击，在弹出的快捷菜单中执行"重置节点调色"命令。在色彩扭曲器中选中左上角的点后单击"工具"窗口中的 按钮，然后单击 按钮把选中的点转换成不能移动的固定点，如图8-31所示。

图8-31

07 激活"工具"窗口中的 按钮，在中心的点上单击5次，画面上橙色以外的区域就会失去色相，变成黑白色，如图8-32所示。

图8-32

08 最后单击"色彩扭曲器－色相－饱和度"面板右上方的 按钮切换到色度－亮度色彩扭曲器，在左侧的扭曲器中框选最上方的一排点，向左侧拖曳增加画面中的橙色，如图8-33所示。

图8-33

8.4 蒙版跟踪：给人脸打上动态马赛克

虽然智能化的调色工具越来越多，但是使用形状和曲线为需要调色的区域创建蒙版，然后利用追踪功能让蒙版跟随物体一起运动，仍然是二级调色过程中必须掌握的基本操作。本节就来介绍利用窗口和跟踪器功能给视频中的人脸打马赛克的方法。

01 在达芬奇里新建一个项目，按快捷键Ctrl+I导入实例教学素材，然后把媒体池里的素材插入时间线上。切换到"调色"页面，按快捷键Alt+S创建一个串行节点，单击调色工具栏上的按钮切换到"窗口"面板，单击面板上方的按钮创建圆形遮罩，如图8-34所示。

图8-34

02 在检视器面板中拖曳中心的圆点把蒙版
移动到人物的面部，然后拖曳蓝色边框
四角的圆点调整蒙版的大小，拖曳蓝色
边框中间的圆点可以把蒙版调整成椭圆
形，拖曳蓝色边框上方中间的圆点旋转
蒙版，结果如图8-35所示。

图8-35

03 单击调色工具栏上的 ⊡ 按钮切换到"跟踪器－窗口"面板，单击面板上方的 ▶ 按钮
开始跟踪计算。我们发现，当人物的手从脸上拂过后，就会产生错误的跟踪结果。单
击"跟踪器－窗口"面板右上方的 ↻ 按钮清除所有跟踪点，然后把播放头拖动到5秒5
帧处，此时人物的手已经离开面部。在检视器面板中调整蒙版的大小和角度，结果如
图8-36所示。

图8-36

04 给人物面部打马赛克不用精确匹配脸部的角度变化，所以在"跟踪器－窗口"面板中
可以取消"3D"复选框的勾选，在面板的右上方单击"帧"，然后单击 ▶ 按钮对之后
的所有帧进行跟踪计算，如图8-37所示。

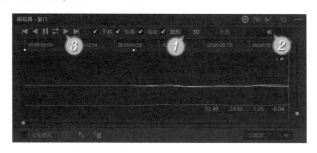

图8-37

05 把播放头拖动到2秒24帧处，此时人物的手还没有拂过面部。在检视器面板中把遮罩对准人物的面部后单击"跟踪器-窗口"面板的◀按钮，向前跟踪所有帧，如图8-38所示。

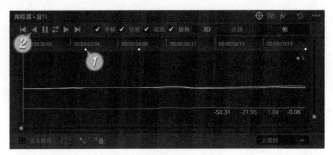

图8-38

06 2秒24帧至5秒5帧之间还没跟踪数据，需要添加关键帧进行手动跟踪。把播放头拖动到3秒24帧处，在检视器画面上把圆形遮罩对准人物面部。继续在3秒14帧处和4秒3帧处把圆形遮罩对准人物面部，追踪的效果就变得顺畅起来，如图8-39所示。

图8-39

提示
Point out

关键帧的数量越多，追踪的效果就越精确。如果自动跟踪的部分出现一些偏差，也可以在帧模式下随时调整。

07 在页面的右上角展开"特效库"面板，把"Resolve FX模糊"中的"马赛克模糊"效果器拖动到第二个串行节点上，然后利用"像素频率"参数调整马赛克的强度，如图8-40所示。

图8-40

8.5 神奇遮罩：一键实现局部动态调色

神奇遮罩是一个自动抠像工具，在AI算法的加持下，我们只需要在画面中的人物或物体上画一条线，剩下的跟踪和抠像操作就都由计算机自动计算完成。本节我们就来看看，神奇遮罩功能是不是真的那么神奇。

01 在达芬奇里新建一个项目，按快捷键Ctrl+I导入实例教学素材，把媒体池里的所有素材插入时间线上。切换到"调色"页面，在片段面板中选中第一个片段，按快捷键Alt+S创建一个串行节点。单击调色工具栏上的按钮切换到"神奇遮罩－物体"面板，然后单击面板右上方的按钮，如图8-41所示。

02 按住鼠标左键不放，在想要添加遮罩的物体上绘制笔画，达芬奇就会用红色区域显示出遮罩的范围。如果对遮罩的要求比较高，可以单击"质量"窗口中的"更好"，然后单击上方的▶按钮，就会进行遮罩的动态计算，如图8-42所示。

 提示 Point out

我们可以在多个物体上绘制笔画，同时进行多个物体的跟踪计算。

图8-41

图8-42

03 计算结束后单击"神奇遮罩－物体"面板右上方的 ◻ 按钮反转遮罩。如果我们创建遮罩的目的是给物体调色，那么可以在"质量"窗口中增加"模糊半径"参数，让遮罩的边缘更加平滑，如图8-43所示。

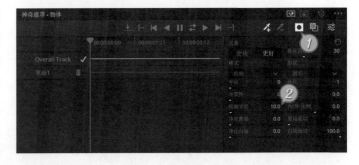

图8-43

04 切换到"曲线－自定义"面板，单击"G"按钮后在曲线上添加两个锚点，拖曳锚点创建一条反S曲线，让画面中的水变绿。继续单击"B"按钮，在曲线上创建一个锚点后，向左上方拖曳锚点。如图8-44所示。

图8-44

05 在片段面板中选中第二个片段，按快捷键Alt+S创建一个串行节点。切换到神奇遮罩面板，单击面板右上方的▣按钮切换到人体模式。在人物的身上画一条线，就能把整个人物选中，如图8-45所示。

图8-45

提示
Point out
我们还可以在神奇遮罩面板上方单击"特征"按钮，然后分别选择身体上的特定部位，例如在下拉菜单中选择"面部"，然后在人脸上绘制笔画，就可以只选取人脸。

06 单击"神奇遮罩-人物"面板中的▶按钮开始计算，计算结束后在节点面板中右击，在弹出的快捷菜单中执行"添加Alpha输出"命令。把第二个串行节点上的蓝色方块拖动到页面右侧的蓝色圆点上，就能单独输出遮罩区域，如图8-46所示。

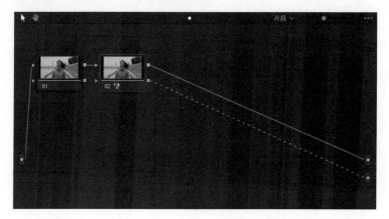

图8-46

07 切换到"剪辑"页面，选中第一个片段后按Delete键删除。把第二个片段向上拖动到"V3"轨道上，然后把媒体池里的第二个片段拖动到"V1"轨道上。展开"特效库"面板，在左侧的列表中选择"标题"，把"文本"拖动到"V2"轨道上。结果如图8-47所示。

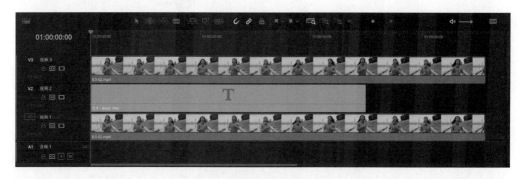

图8-47

08 拖曳文本片段右侧边框，与视频片段的时长对齐。在"检查器"面板中设置"大小"参数为300，这样就得到了人在文字前面奔跑的效果，如图8-48所示。

图8-48

09 利用动态蒙版我们还可以为人物添加描边。在"特效库"面板的左侧单击"生成器"，把"纯色"生成器拖动到"V4"轨道上后与视频片段的时长对齐。在"检查器"面板中设置"色彩"为白色，单击"设置"选项卡，在"合成"选项组的"合成模式"下拉菜单中选择"前景"，如图8-49所示。

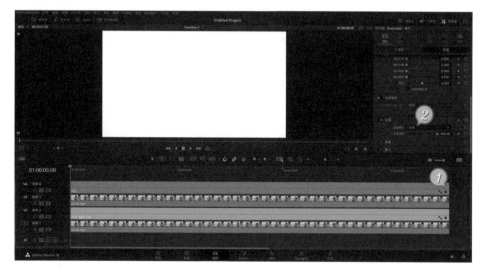

图8-49

10 按住Alt键，把"V3"轨道上的片段复制到"V5"轨道上。选中"V3"轨道上的片段，在"检查器"面板的"合成模式"下拉菜单中选择"Alpha"，如图8-50所示。

图8-50

11 切换到"调色"页面，在时间线面板中选中"V3"轨道上的片段。展开"特效库"面板，把"Resolve FX抠像"中的"Alpha蒙版收缩与扩展"效果器拖动到节点面板的空白处，在"变形操作"下拉菜单中选择"扩展"，设置"半径"参数为0.6，如图8-51所示。

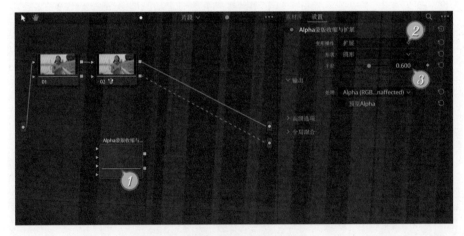

图8-51

12 单击第二个串行节点右侧的两条连线断开连接，然后把第二个串行节点连接到"Alpha蒙版收缩与扩展"节点上，最后把"Alpha蒙版收缩与扩展"节点连接到面板右侧的绿色和蓝色圆点上，如图8-52所示。

图8-52

8.6 深度图：简单好用的自动抠像工具

用镜头拍摄的物体有远有近，物体与镜头之间的距离就是深度，记录画面中所有物体深度信息的图像就是深度图。利用深度图，我们可以把画面中不同距离的对象分离出来，这样就可以为对象分别调色或者制作特效。

01 在达芬奇里新建一个项目，按快捷键Ctrl+I导入实例教学素材，然后把媒体池里的第一个视频素材插入时间线上。切换到"调色"页面，按快捷键Alt+S创建两个串行节点。展开"特效库"面板，把"Resolve FX美化"中的"深度图"效果器拖动到第二个串行节点上，如图8-53所示。

02 检视器中显示的黑白灰图像就是深度图，我们可以把深度图理解成一个3D遮罩，图像上的纯黑区域完全不透明，纯白区域完全透明。勾选"调整深度图级别"复选框，利用"远端极限"和"近端极限"参数控制多远的距离是纯黑色和纯白色，用"Gamma"参数控制整个蒙版的明暗度，如图8-54所示。

03 除了分离前景和后景以外，我们还可以勾选"隔离"复选框，利用"目标深度"参数选择画面中的某一段中景作为蒙版的选区，然后利用"容差"参数设置选区的大小，如图8-55所示。

图8-53

图8-54

图8-55

04 勾选"后期处理"复选框后，可以利用"后处理滤镜"参数为选区的边缘增加细节，利用"Contract/Expand"参数收缩或扩大选区，利用"模糊"参数控制选区边缘的模糊程度，如图8-56所示。

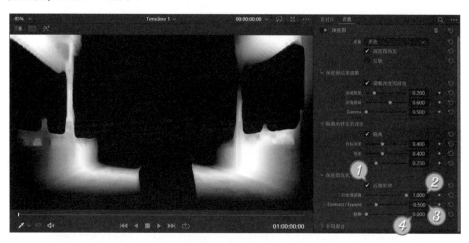

图8-56

05 取消"后期处理""隔离"和"深度图预览"复选框的勾选，接下来勾选"反转"复选框，现在我们就可以对画面的背景区域单独进行调整了。在"一级－校色轮"面板中拖曳"暗部"色轮下方的旋钮，把所有参数设置为0.1；拖曳"中灰"色轮下方的旋钮，把所有参数设置为－0.12；设置"色温"参数为－900，"色调"参数为－30，如图8-57所示。

图8-57

06 选中第三个节点，然后把第二个节点上的蓝色方块拖动到第三个节点的蓝色三角上，这样就能调取第二个节点的蒙版。在调色工具栏上单击 ▦ 按钮展开"键"面板，继续单击"键输出"右侧的 ◧ 按钮反转蒙版，如图8-58所示。

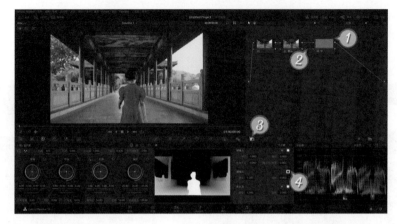

图8-58

07 在"一级－校色轮"面板中拖曳"亮部"色轮下方的旋钮，把所有参数设置为1.15，设置"色温"参数为500，画面的前景和后景就有了明显的对比，如图8-59所示。

图8-59

8.7 人像美容：视频素材也能瘦脸美颜

　　美颜早已成为手机的标配功能，但是专业一些的摄影设备都没有美颜功能，要想像手机那样美白、祛痘、瘦脸，就只能通过后期处理的手段。本节就来介绍使用达芬奇给人物美颜的方法。

01 在达芬奇里新建一个项目，按快捷键Ctrl+I导入实例教学素材，把媒体池里的第一个视频素材插入时间线上。切换到"调色"页面，按快捷键Alt+S创建三个串行节点。展开"特效库"面板，把"Resolve FX美化"中的"面部修饰"效果器拖动到第二个串行节点上，如图8-60所示。

图8-60

02 选中第二个串行节点，单击"特效库"面板中的"分析"按钮，软件就会自动建立五官和面部轮廓的参考线并进行跟踪计算，如图8-61所示。

图8-61

> **提示**
> Point out
> 　　如果画面中有多个人物，那么单击"分析"按钮后每个人物的脸上都会出现一个方框，单击其中一个方框就可以进行跟踪计算。计算完成后我们可以创建一个新的节点，在新建的节点上添加"面部修饰"效果器后再对另一个人物进行跟踪计算。

231

03 取消"显示叠加信息"复选框的勾选,在"纹理"卷展栏中设置"程度"参数为1,
"大小"参数为0.7。如果脸部轮廓的边缘没被处理,那么可以展开"皮肤遮罩"卷展
栏,增大"面部遮罩大小"参数,如图8-62所示。

图8-62

04 在"调色"卷展栏中设置"对比度"和"中间调"参数均为0.1,让脸部的皮肤变白;
在"眼部修整"卷展栏中设置"锐化"参数为0.5,"亮眼"参数为0.2,"去黑眼圈"
参数为0.1,如图8-63所示。

图8-63

05 展开"唇部修整"卷展栏,设置"色相"参数为−0.15,"饱和度"参数为0.8,"上
嘴唇平滑度"参数为0.2;继续展开"腮红修整"卷展栏,设置"饱和度"参数为0.4,
如图8-64所示。

图8-64

06　"面部修饰"效果器只能调整面部，其他部位的皮肤颜色需要使用蒙版加跟踪器的方式来调整。在节点面板中选择第三个串行节点，单击调色工具栏上的 ▦ 按钮展开"神奇遮罩"面板，单击面板右上角的 ▤ 按钮后单击"特征"按钮。在下拉菜单中选择"躯干（裸露的皮肤）"，然后在人物的脖子上绘制笔画，如图8-65所示。

图8-65

07　在"质量"窗口中设置"模糊半径"参数为50，"内/外比例"参数为−20，然后单击面板上方的 ⇄ 按钮开始跟踪计算，如图8-66所示。

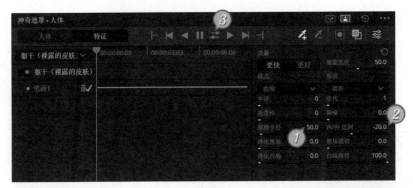

图8-66

08 计算结束后把"特效库"面板中的"美颜"效果器拖动到第三个串行节点上。在"特效库"面板中展开"高级选项"卷展栏，在"操作模式"下拉菜单中选择"自动"；在"自动控制"卷展栏中设置"程度"参数为0.5，如图8-67所示。在校色轮面板中拖曳"中灰"色轮下方的旋钮，把所有参数设置为0.02。

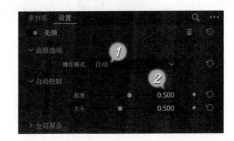

图8-67

09 最后我们进行瘦脸调整。按快捷键Alt+S创建串行节点，单击调色工具栏上的 ⊙ 按钮展开"跟踪器"面板，在面板的右上角单击 *fx* 按钮，然后单击面板左下角的 ⊹ 按钮创建四个追踪点。在检视器面板中把追踪点拖动到鼻子、嘴和眼睛上，接下来单击"跟踪器－特效FX"面板上方的 ⇄ 按钮开始跟踪计算，如图8-68所示。

图8-68

10 把播放头拖动到14秒处，在"特效库"面板中把"Resolve FX扭曲"中的"变形器"拖动到第四个串行节点上。按住Shift键在检视器面板的眼睛、鼻子和嘴角处单击，创建不受变形影响的控制点，然后在脸的周围创建控制点，如图8-69所示。

图8-69

11 在"特效库"面板的"变形限制"下拉菜单中选择"边缘"，然后在面颊上单击创建两个白色的点，拖动这两个点让面颊收缩，如图8-70所示。

图8-70

12 在"特效库"面板中展开"点的位置"卷展栏，单击"手动关键帧"右侧的 ◆ 按钮创建关键帧。拖曳播放头查看不同帧的瘦脸效果，如果某一帧出现偏差，直接在检视器中调整红色控制点的位置就能解决画面变形的问题，如图8-71所示。

图8-71

DAVINCI RESOLVE 18

达芬奇
视频剪辑与调色

第9章

交付输出：
视频剪辑的最后环节

把剪辑好的项目渲染输出成视频文件，是视频剪辑的最后一环，也是最重要的环节。如果没有正确地进行渲染输出设置，生成的视频文件在不同的设备或平台上播放时就会出现各种各样的问题。通过学习本章内容，我们不但要掌握渲染输出视频文件的方法，理解一些常用的视频编码术语，还要掌握让达芬奇和Adobe Premiere等视频处理软件协同工作、共同剪辑视频的方法，提高剪辑效率。

9.1 输出视频：渲染输出的流程和术语

渲染输出是一个比较耗时的过程，如果渲染完成后才发现某个片段调色不理想，或者某个标题打错了字，那么修正后还要重新渲染。为了避免发生这种状况，对渲染时间比较长的视频，最好用较低的分辨率和码率输出一个样片，确认样片没有问题后，再渲染全分辨率和高码率的正片。

01 在达芬奇里新建一个项目，按快捷键Ctrl+I导入实例教学素材，把媒体池里的所有素材插入时间线上。切换到"交付"页面，在默认设置下，"交付"页面由检视器面板、片段面板、时间线面板、渲染设置面板和渲染队列面板组成，如图9-1所示。

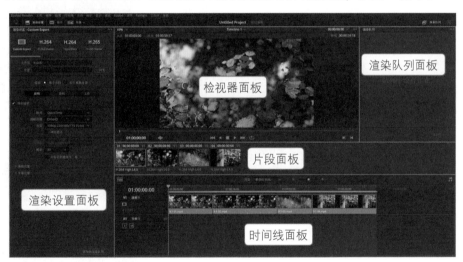

图9-1

02 进行渲染输出之前，我们最好在检视器中预览一遍项目，确认没有问题和纰漏后，在"渲染设置"面板中单击"浏览"按钮，然后在打开的"文件目标"窗口中设置文件的保存路径和文件名，如图9-2所示。

03 如果想要输出可以直接在手机、计算机和网络上播放的视频文件，就在"格式"下拉菜单中选择"MP4"，在"编解码器"下拉菜单中选择"H.264"，在"编码器"下拉菜单中选择"NVIDIA"或"AMD"，利用显卡的硬件解码功能提高渲染视频的速度，如图9-3所示。

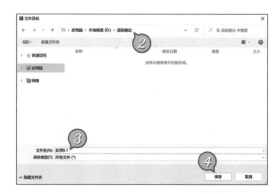

图9-2

▶ **提示**
Point out

达芬奇中的格式和编解码器分别对应的是视频的封装格式和编码格式，编码的主要作用是压缩原始视频和音频数据的体积，编码格式不同，压缩数据的算法和压缩率也就不同。封装格式的作用是把压缩完毕的视频数据、音频数据和字幕文件封装到一起，让观众打开一个文件就能看到视频和字幕，听到声音。QuickTime是Apple公司开发的封装格式，主要用于Mac平台。MP4则是一种跨平台的视频封装格式，手机、计算机和网络上的绝大多数视频使用的都是这种格式。

图9-3

04 在"分辨率"和"帧率"下拉菜单中使用的是时间线的设置参数。如果创建时间线时没有正确设置分辨率和帧率，那么正确的修改方法是切换到"剪辑"页面，按快捷键Ctrl+N打开"新建时间线"窗口，在窗口中取消"使用项目设置"复选框的勾选，然后单击"格式"选项卡，在"时间线分辨率"和"时间线帧率"下拉菜单中重新设置分辨率和帧率，设置完成后单击"创建"按钮，如图9-4所示。

图9-4

05 在"媒体池"面板中双击切换到原来的时间线，在时间线面板的空白处单击，然后按快捷键Ctrl+A选中所有片段，按快捷键Ctrl+C复制片段后切换到新建的时间线，在时间线面板的空白处右击，在弹出的快捷菜单中执行"粘贴"命令。切换回"交付"页面，就能使用新建时间线的分辨率和帧率渲染视频了，如图9-5所示。

06 从理论上讲，码率越高，视频的质量也就越好，但是当码率达到一定数值后，继续提高码率只能增加视频文件的体积，对质量的影响很小，而且所有网络视频平台都会对超过一定码率的视频文件进行二次压缩。所以，大多数情况下我们会在"质量"选项组中单击"限制在"单选按钮，然后根据视频的分辨率大小设置适合的码率，如图9-6所示。一般来说，1080P、30帧的视频码率不会超过8000kb/s，1080P、60帧的视频码率大概在12000kb/s左右，4K、25帧的码率大概在35000kb/s左右。

> ▶ **提示**
> Point out
>
> 分辨率、帧率和码率是影响视频质量的三个主要因素。我们可以把分辨率理解成视频的画面大小，把帧率理解成每秒钟播放多少帧画面，码率则是每秒传送的数据量。在线播放视频时，手机或计算机先要把网络传送过来的数据量解码成画面，然后再以规定的帧率播放。如果带宽无法满足高码率视频的传输速度，就会频繁进行缓冲。

07 如果剪辑的项目里添加了字幕的话，需要在"渲染设置"面板中的展开"字幕设置"卷展栏，勾选"导出字幕"复选框后，在"格式"下拉菜单中选择"作为内嵌字幕"，如图9-7所示。"渲染设置"面板中的其余设置参数在没有特殊需要的情况下无须修改。

图9-5

图9-6

图9-7

08 渲染参数设置完毕后单击面板下方的"添加到渲染队列"按钮，然后在"渲染队列"面板中单击"渲染所有"按钮，达芬奇就会按照设置好的参数把项目渲染成视频文件，如图9-8所示。

图9-8

9.2 | 渲染技巧：创建模板一键输出视频

针对不同的在线视频平台和播放设备，通常需要准备几套不同的渲染设置方案。我们可以把不同的渲染设置方案保存为渲染预设文件，在渲染输出时直接调用。这样既能避免设置渲染参数时发生疏漏，还可以减少重复设置操作。除了创建渲染预设以外，本节还会介绍提取视频中的音频文件、渲染多个单独片段和批量渲染多个项目的方法。

01 在达芬奇里新建一个项目，按快捷键Ctrl+I导入实例教学素材后，把媒体池里的第一个视频素材插入时间线上。如果我们想把这个视频中的声音提取出来，可以切换到"交付"页面，在"渲染设置"面板中取消"导出视频"复选框的勾选，如图9-9所示。

图9-9

02 单击"音频"选项卡，对音频质量要求不高的话，我们可以在"格式"下拉菜单中选择"MP4"或者是"MP3"；若在"格式"下拉菜单中选择"Wave"，则可以提取不经过压缩的无损音频。接下来单击"添加到渲染队列"按钮，设置音频文件的保存路径和文件名，然后在"渲染队列"面板中单击"渲染所有"按钮，就可以输出音频文件，如图9-10所示。

图9-10

03 在"渲染设置"面板中勾选"导出视频"复选框，在"格式"下拉菜单中选择"MP4"，在"编码器"下拉菜单中选择"NVIDIA"；在"质量"选项组中单击"限制在"单选按钮，然后设置参数为8000，如图9-11所示。

04 现在我们设置好了正式渲染输出的参数，单击"渲染设置"面板右上角的···按钮，在弹出的菜单中选择"另存为新预设"命令。在弹出的"渲染预设"窗口中输入预设名称后单击"OK"按钮保存预设，如图9-12所示。

图9-11

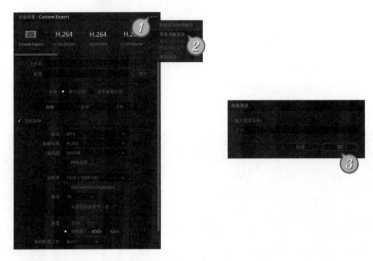

图9-12

05 接下来设置小样的渲染参数。在"渲染设置"面板的"分辨率"下拉菜单中选择"1280×720 HD 720P",将"限制在"参数设置为4000,单击"渲染设置"面板右上角的…按钮,选择"另存为新预设"命令,在弹出的"渲染预设"窗口中输入预设名称后单击"OK"按钮保存预设,如图9-13所示。

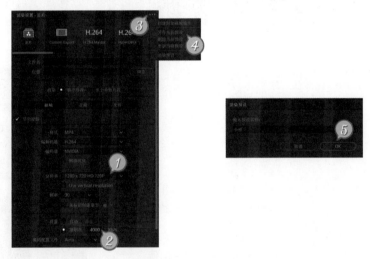

图9-13

06 有的时候为了确定某个片段上的调色或特效是否符合预期,我们需要单独渲染这个片段。切换到"剪辑"页面,把时间线上的片段删除后,把媒体池里的后三个视频素材拖动到时间线上。切换到"交付"面板,在时间线面板中把播放头拖动到想要渲染的片段的开始处，在播放头上右击，在弹出的快捷菜单中执行"标记入点"命令；继续把播放头拖动到片段的结尾处，在播放头上右击，在弹出的快捷菜单中执行"标记出点"命令，如图9-14所示。

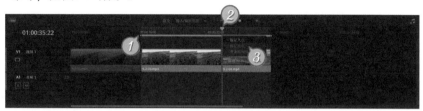

图9-14

07 单击"渲染设置"面板左上角的 ✔ 按钮，在弹出的菜单中选择"正片"，然后单击"添加到渲染队列"按钮，如图9-15所示。接下来在"渲染队列"面板中单击"渲染所有"按钮。

08 有的时候我们需要把导入的素材按照不同的镜头分割成多个片段，然后把每个片段渲染成单独的视频。在时间线面板上方的"渲染"下拉菜单中选择"整条时间线"，然后在"渲染设置"面板中单击"多个单独片段"单选按钮，如图9-16所示。

09 单击"文件"选项卡，单击"源名称"单选按钮，勾选"使用独特文件名"复选框，再单击"浏览"按钮在打开的"文件目标"窗口中设置输出文件的保存路径，然后单击"添加到渲染队列"按钮，如图9-17所示，在"渲染队列"面板中单击"渲染所有"按钮，这样就能把每个片段渲染成独立的视频文件。

图9-15   图9-16   图9-17

10 我们还可以把多个项目的渲染队列放到一个项目里进行批量渲染。在"渲染队列"面板中单击 ✖ 按钮删除当前的渲染队列，在"渲染设置"面板中单击"正片"预设，然后单击"浏览"按钮在打开的"文件目标"窗口中设置保存路径和文件名，单击"添加到渲染队列"按钮后，按快捷键Ctrl+S保存项目，如图9-18所示。

11 执行"文件"菜单中的"新建项目"命令，按快捷键Ctrl+I导入实例教学素材后，把第一个视频素材插入时间线上。切换到"交付"面板，在"渲染设置"面板中单击"正片"预设，接下来单击"浏览"按钮设置保存路径和文件名，如图9-19所示。

12 单击"添加到渲染队列"按钮后，单击"渲染队列"面板右上角的···按钮，在弹出的菜单中选择"显示所有项目"命令，面板中就会显示出所有已保存项目里的渲染队列作业。再次单击···按钮，在弹出的菜单中选择"清除已渲染的作业"命令。然后单击"渲染所有"按钮，当前项目渲染完成后，达芬奇就会自动渲染下一个项目。如图9-20所示。

图9-18

图9-19

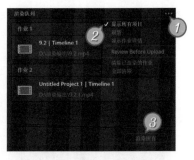

图9-20

9.3 避免闪退：加快剪辑和预览的速度

剪辑高清素材或者项目中创建了很多特效时，不但预览素材和项目会频繁卡顿，还会因为内存、显存等硬件资源不足而出现软件闪退现象。解决这个问题的方法有两种：第一种是在剪辑阶段使用优化媒体代替高清素材；第二种是把占用系统资源过高的特效渲染成带透明通道的视频文件。

01 在达芬奇里新建一个项目，单击页面右下角的 ✿ 按钮打开"项目设置"窗口，在"时间线分辨率"下拉菜单中选择"3840 × 2160 Ultra HD"，在"时间线帧率"下拉菜单中选择"29.97"，然后单击"保存"按钮，如图9-21所示。

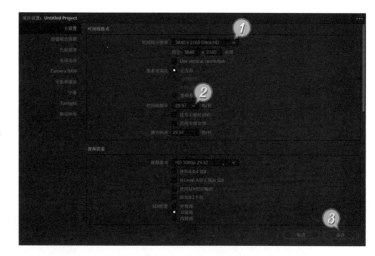

图9-21

02 按快捷键Ctrl+I导入实例教学素材，然后把媒体池里的所有视频素材插入时间线上。如果在剪辑高分辨率素材或者RAW文件时频繁卡顿，就可以在Windows的"开始"菜单中单击"所有应用"，展开"Blackmagic Design"文件夹后运行"Blackmagic Proxy Generator"程序，如图9-22所示。

03 在"Blackmagic Proxy Generator"窗口中，单击左下角的"添加"按钮选择素材所在的文件夹，然后单击"开始"按钮，程序就会对文件夹里的所有视频素材进行转码渲染，如图9-23所示。渲染结束后，经过转码的文件会被保存在视频素材路径的"Proxy"文件夹里。

图9-22

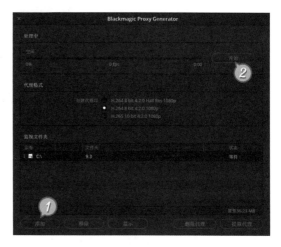

图9-23

04 返回到达芬奇，媒体池和时间线上的素材缩略图的左下角会显示 图标，表示现在正在使用的是优化媒体，如图9-24所示。此时无论拖曳播放头还是进行各种剪辑操作，都会流畅很多。当我们完成剪辑开始进行调色时，需要执行"播放"菜单中的"代理的处理方式/禁用所有代理"命令，以免降低的画质影响选取颜色的精度。

图9-24

05 Blackmagic Proxy Generator 程序是达芬奇18中新增加的功能，低版本的达芬奇用户可以单击页面右下角的 按钮打开"项目设置"窗口，在"优化媒体的分辨率"下拉菜单中选择"1/2"或"1/4"，在"优化媒体的格式"下拉菜单中选择"DnxHR SQ"，然后单击"保存"按钮，如图9-25所示。

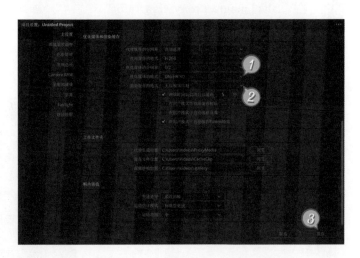

图9-25

> **提示**
> **Point out** 优化媒体和渲染缓存会占用大量磁盘空间，C盘空间不足的用户可以在"项目设置"窗口的"工作文件夹"选项组中单击"浏览"按钮，选择存储空间充裕的磁盘保存优化媒体和渲染缓存。

06 在媒体池里框选想要转码的视频素材，在任意一个素材缩略图上右击，在弹出的快捷菜单中执行"生成优化媒体"命令，如图9-26所示。优化媒体只能解决素材的问题，如果项目中创建了很多特效，那么仍然会产生卡顿。对于项目中利用透明信息制作的Fusion或调色特效，把它们渲染成带Alpha通道的视频文件，不仅可以加快后续的剪辑工作，而且这些视频还能在其他项目中重复使用。

图9-26

07 双击本书附赠素材中的"粒子特效.drp"文件，打开制作好的项目。如果媒体池里的素材显示为红色离线状态，那么我们可以框选所有离线素材，在缩略图上右击，在弹出的快捷菜单中执行"重新链接所选片段"命令，选择附赠素材的路径后单击"选择文件夹"按钮重新链接，如图9-27所示。

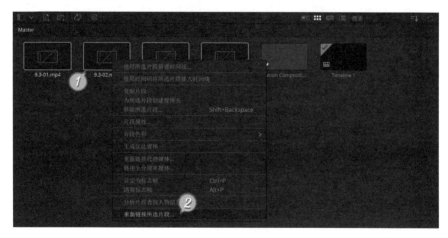

图9-27

08 删除"V1"轨道上的所有片段，切换到"交付"页面，在"渲染设置"面板的"编解码器"下拉菜单中选择"DNxHR"，在"类型"下拉菜单中选择"DNxHD SQ"，在"分辨率"下拉菜单中选择"3840×2160 Ultra HD"，勾选"网络优化"和"导出Alpha"复选框，如图9-28所示。

09 单击"添加到渲染序列"按钮后，在"渲染队列"面板中单击"渲染所有"按钮。渲染完成后切换到"快编"页面，按快捷键Ctrl+Z撤销删除操作。接下来在媒体池里导入刚渲染完的视频，用导入的视频素材替换"V2"轨道上的Fusion片段，如图9-29所示。

图9-28

图9-29

9.4 方便观看：为视频创建章节和进度条

为了获得更好的观看体验，大多数平台和播放器都会自动隐藏进度条。但是有些长视频，特别是知识和教学类的视频，反而需要在视频画面上添加进度条和章节名，以便让观众掌握播放进度或者回看知识点。本节就来介绍在视频画面上添加进度条和章节名的方法。

01 在达芬奇里新建一个项目，切换到"剪辑"页面，按快捷键Ctrl+I导入实例教学素材，然后把媒体池里的所有素材插入时间线上。展开"特效库"面板，在左侧的列表中单击"生成器"，把"纯色"生成器拖动到时间线的"V2"轨道上。拖曳纯色图层右侧的边框，与片段的总时长对齐，如图9-30所示。

图9-30

02 在"检查器"面板中设置"色彩"为"红色=35，绿色=123，蓝色=176"。单击"设置"选项卡，设置"位置X"参数为−1920，"位置Y"参数为−1050，然后创建关键帧如图9-31所示。把拖放头拖动到最后一帧处，设置"位置X"参数为0。

03 按住Alt键，向上复制三个纯色片段。选中"V3"轨道上的纯色片段，设置"色彩"为"红色=61，绿色=147，蓝色=200"。把播放头拖动到最后两个视频片段的相交处，在"设置"选项卡中为"位置"参数创建关键帧。单击片段右下角的 ◆ 图标，把最后一个关键帧删除。如图9-32所示。

图9-31

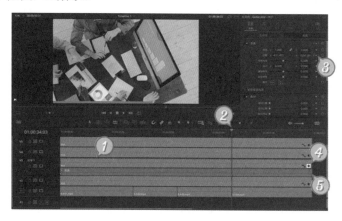

图9-32

04 选中"V4"轨道上的纯
色片段，设置"色彩"为
"红色=238，绿色=142，
蓝色=166"。把播放头拖
动到中间两个视频片段的
相交处，然后在"设置"
选项卡中为"位置"参数
创建关键帧。单击片段
右下角的 ◆ 图标，把最
后一个关键帧删除。如
图9-33所示。

图9-33

05 选中"V5"轨道上的纯色
片段，设置"色彩"为"红
色=254，绿色=203，蓝色
=112"。把播放头拖动到
前两个视频片段的相交
处，然后在"设置"选项
卡中为"位置"参数创建
关键帧。单击片段右下角
的 ◆ 图标，把最后一个关
键帧删除。如图9-34所示。
至此，进度条制作完成。

图9-34

06 接下来创建章节文字。在"特效库"面板的左侧选择"标题"，把"文本"拖动到
"V6"轨道上，然后与片段的总时长对齐。在"检查器"面板的"字体系列"下拉菜
单中选择"微软雅黑"，在"字形"下拉菜单中选择"Regular"，设置"大小"参数
为45，如图9-35所示。

07 在"对齐方式"选项中单击☰按钮，在"锚点"选项中单击▭按钮，设置"位置X"
参数为240，"位置Y"参数为68；在"背景"选项组中设置"宽度"参数为2，"高
度"参数为0.07，"不透明度"参数为40，如图9-36所示。

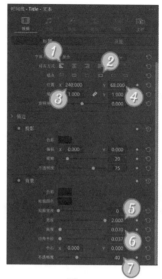

图9-35   图9-36

08 最后在文本框中输入章节名称，不同的章节之间参考进度条用空格键调整距离。如果想在播放器的进度条上也添加区分章节的标记，那么可以把播放头拖动到片段的相交处，然后单击时间线工具栏上的 ● 按钮添加标记，如图9-37所示。

09 切换到"交付"面板，在"渲染设置"面板的左上方选择"正片"预设，勾选"从标记创建章节"复选框，然后单击"浏览"按钮在打开的"目标文件"窗口中设置保存路径和文件名，如图9-38所示，最后单击"添加到渲染序列"按钮，在"渲染队列"面板中单击"渲染所有"按钮渲染视频。

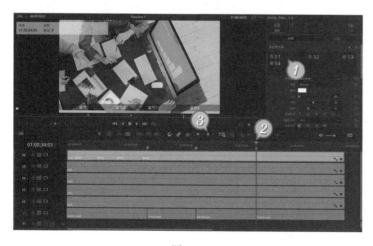

图9-37   图9-38

251

9.5 套底回批：与其他剪辑软件交互工作

　　达芬奇虽然具备完善的剪辑功能，但是一些用户出于习惯，仍然喜欢用自己熟悉的软件剪辑视频，然后套底用达芬奇调色，调色完成后回批。所谓的套底，就是把其他视频剪辑软件制作的项目导入达芬奇中，回批则是把达芬奇调色完毕的项目发送回去。本节就以Adobe Premiere为例，学习达芬奇的套底、回批流程。

01 套底回批的第一步是在Adobe Premiere中进行项目的粗剪，在粗剪的过程中不要添加转场和效果。完成粗剪后执行"文件"菜单中的"导出/Final Cut Pro XML"命令，然后保存为XML格式的文件，如图9-39所示。

图9-39

02 在达芬奇中新建一个项目，单击页面右下角的 ⚙ 按钮，在"项目设置"窗口中确认"时间线分辨率"和"时间线帧率"与Adobe Premiere的设置相同。执行"文件"菜单中的"导入/时间线"命令，打开保存的XML文件后在"加载XML"窗口中单击"OK"按钮，如图9-40所示。

图9-40

03　导入Adobe Premiere粗剪的项目后，我们就可以切换到"调色"页面，对视频素材进行调色操作，如图9-41所示。

图9-41

04　完成所有调色操作后切换到"交付"页面，拖曳"渲染设置"面板上方的滑块，找到并单击"Premiere XML"，继续单击"浏览"按钮，在打开的"文件目标"窗口中设置文件的保存路径，如图9-42所示。

05 接下来设置视频"格式"和"限制在"参数，设置完成后单击"添加到渲染序列"按钮，如图9-43所示。然后在"渲染队列"面板中单击"渲染所有"按钮。

图9-42

图9-43

06 在Adobe Premiere中执行"文件"菜单中的"打开项目"命令，双击达芬奇导出的XML文件，就能打开达芬奇调色完成的项目，如图9-44所示。

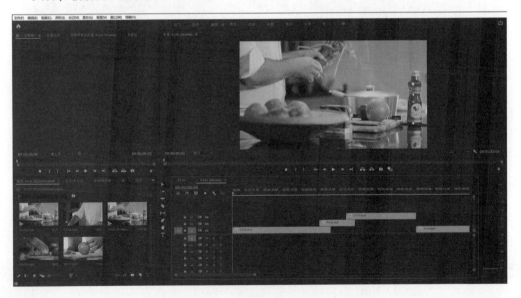

图9-44

9.6 语音合成：利用剪映制作配音和字幕

每款视频剪辑软件都有自己的特色和擅长的领域，比如在剪映中，只要输入一段文本就能自动生成人工合成的语音和字幕，既不用购买录音设备，也不用苦练普通话发音。本节就来介绍如何让达芬奇和剪映PC版交互工作，快速给视频配音并添加字幕。

01 在达芬奇里新建一个项目，按快捷键Ctrl+I导入实例教学素材，然后把媒体池里的所有视频素材插入时间线上。假设我们已经完成了剪辑，接下来需要添加配音和字幕。切换到"交付"页面，在"渲染设置"面板的左上方选择"小样"预设，单击"添加到渲染序列"按钮后在弹出的"文件目标"窗口中设置文件的保存路径和文件名。在"渲染队列"面板中单击"渲染所有"按钮，把当前的项目渲染成视频文件，如图9-45所示。

02 运行剪映PC版，单击首页上的"开始创作"按钮。然后在媒体面板中单击"导入"按钮，打开达芬奇渲染的视频。接下来把导入的视频拖动到时间线上。如图9-46所示。

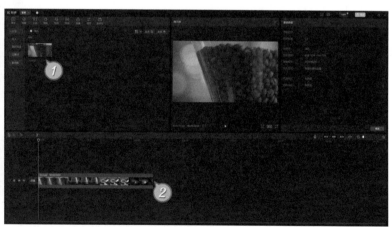

图9-45　　　　　　　　　　　　　　　　图9-46

03 在媒体面板中单击"文本"标签，然后单击"默认文本"右下角的加号按钮，在时间线上创建文本轨道，接下来在页面右上角的面板中输入需要配音的文本，如图9-47所示。

图9-47

04 单击"朗读"标签后单击缩略图收听语音，找到满意
的音色后，单击面板右下角的"开始朗读"按钮生成
音频，如图9-48所示。

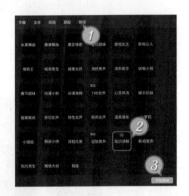

05 如果句子间的停顿太短，我们可以在时间线面板中选
中语音轨，把播放头拖动到句子之间的空白处，单击
时间线工具栏上的][按钮分割音频，然后调整每段语
音的位置，让音画尽量同步，如图9-49所示。

图9-48

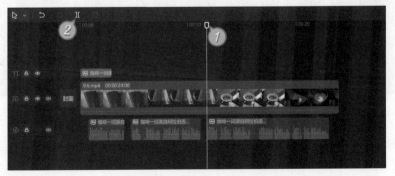

图9-49

06 把时间线中的文本片段删除，接下来在媒体面板中单击"智能字幕"，然后单击"识别字幕"中的"开始识别"按钮，稍等片刻就能得到与音频同步的字幕，如图9-50所示。

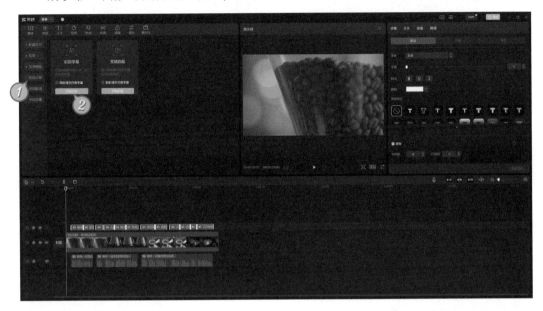

图9-50

07 单击页面右上角的"导出"按钮，在"导出"窗口中取消"视频导出"复选框的勾选，勾选"音频导出"和"字幕导出"复选框，在音频导出的"格式"下拉菜单中选择"WAV"，在字幕导出的"格式"下拉菜单中选择"SRT"，然后单击"导出至"右侧的 按钮设置文件的存储路径，最后单击"导出"按钮，如图9-51所示。

08 返回到达芬奇，切换到"剪辑"页面，按快捷键Ctrl+I导入剪映输出的音频和字幕文件，把导入的音频文件拖动到音频轨道上，把字幕文件拖动到时间线的空白处创建字幕轨道，如图9-52所示。

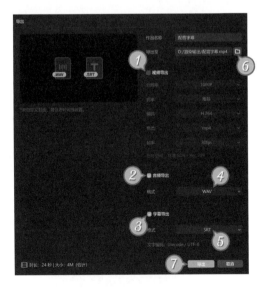

图9-51

09 选中一条字幕后在"检查器"面板中单击"Track"选项卡，根据需要修改文字的字体、大小和位置，如图9-53所示。

图9-52

10 如果需要创建双语字幕，那么可以在已经添加的任意
一条字幕上右击，在弹出的快捷菜单中选择"添加字
幕区域"命令，字幕轨道就会变成上下两层。在空白
处单击以取消字幕的选取，在"检查器"面板中单
击"创建字幕"按钮就能输入第二条字幕，如图9-54
所示。

图9-53

图9-54

DAVINCI RESOLVE 18

达芬奇
视频剪辑与调色

第10章
——

综合实战：
制作宣传展示类视频

前面9章的内容主要介绍了达芬奇的各种功能，本章会
综合前面的内容进行实战，制作一个完整的宣传展示类
视频。在实战的过程中巩固前面所学的知识，并且了解
一些实际工作中的经验技巧。

10.1 进行视频粗剪

视频剪辑通常要经过粗剪和精剪两个步骤。所谓的粗剪就是把素材的有效部分按照一定的顺序排列到时间线上，从而生成逻辑顺畅、内容完整的故事框架。精剪则是对每个素材的时长和衔接进行精细的调整，并且根据视频的需要添加配音、字幕、特效等元素。

01 运行达芬奇，在项目管理器中单击右下角的"新建项目"按钮，在打开的窗口中输入"综合实战1-宣传视频"后单击"创建"按钮，进入达芬奇主页面。接下来单击页面导航面板右下角的 ✿ 按钮，在打开的"项目设置"窗口中确认"时间线分辨率"为1920×1080，"时间线帧率"为30帧/秒，如图10-1所示。

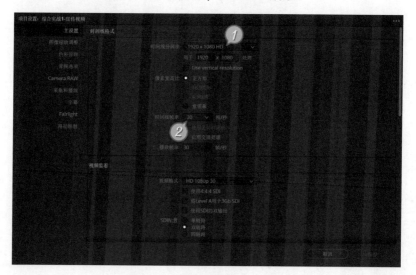

图10-1

02 切换到"剪辑"页面，按快捷键Ctrl+I导入实例教学素材。在媒体池里选中背景音乐素材，按F9键插入时间线上。展开"特效库"面板，在面板的左侧单击"生成器"，然后把"纯色"生成器拖动到视频轨道上，如图10-2所示。

03 把纯色片段的时长与音频片段对齐，展开"检查器"面板，设置"色彩"为白色。接下来把媒体池里的"10-01.mp4"素材拖动到"V2"轨道上；把"10-04.mp4"素材拖动到"V3"轨道上，然后把入点拖动到5秒15帧处，如图10-3所示。

图10-2

图10-3

04 继续把"10-07.mp4"素材拖动到"V4"轨道上，把入点拖动到11秒处；把"10-10.mp4"素材拖动到"V5"轨道上，把入点拖动到16秒15帧处；把"10-13.mp4"素材拖动到"V6"轨道上，把入点拖动到22秒处，如图10-4所示。

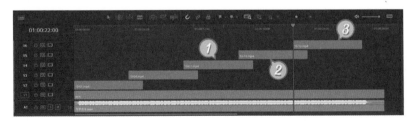

图10-4

05 执行"DaVinci Resolve"菜单中的"偏好设置"命令，打开"剪辑"窗口后单击"用户"选项卡，在窗口左侧单击"剪辑"选项，设置"标准转场时长"参数为1.5后单击"保存"按钮，如图10-5所示。

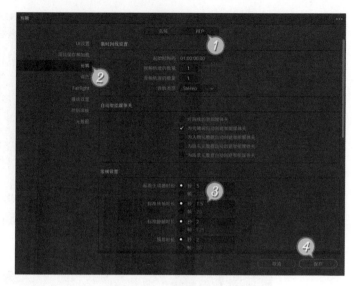

图10-5

06 在"特效库"面板的左侧单击"视频转场"，把"滑动"转场拖动到第一个和第三个视频片段的开始处，把"双侧平推门"转场拖动到第二个视频片段的开始处，把"非加亮叠化"转场拖动到第四个视频片段的开始处，如图10-6所示。

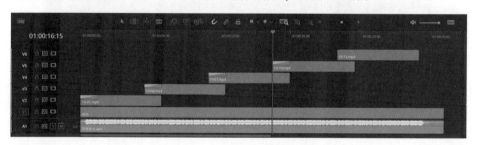

图10-6

07 选中第一个转场，在"检查器"面板的"预设"下拉菜单中选择"滑动，从上往下"，在"缓入缓出"下拉菜单中选择"缓入与缓出"，如图10-7所示。选中第二个转场，在"缓入缓出"下拉菜单中选择"缓入与缓出"，如图10-8所示。

08 选中第三个转场，在"检查器"面板的"预设"下拉菜单中选择"滑动，从右往左"，在"缓入缓出"下拉菜单中选择"缓入与缓出"，如图10-9所示。选中第四个转场，在"缓入缓出"下拉菜单中选择"缓入与缓出"，如图10-10所示。

09 把"交叉叠化"转场拖动到所有视频片段的结尾处，在"检查器"面板的"缓入缓出"下拉菜单中选择"缓入与缓出"。粗剪完成的时间线如图10-11所示。

图10-7

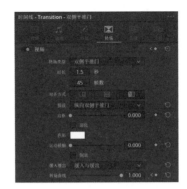

图10-8

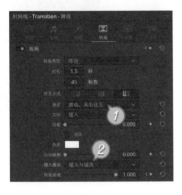

图10-9

图10-10

图10-11

10.2 制作滑动动画

接下来我们在"Fusion"页面中添加更多的视频素材，然后制作视频画面滑动入场并改变画面尺寸的动画。

01 把播放头拖动到第一个视频片段上，然后切换到"Fusion"页面。选中"MediaIn1"节点，单击节点工具栏上的□按钮添加矩形遮罩，把播放头拖动到60帧处，在"检查器"面板中设置"宽度"参数为0.98，"高度"参数为0.96，"圆角半径"参数为0.05，接下来单击◆按钮为"中心""高度"和"圆角半径"参数创建关键帧，如图10-12所示。然后把播放头拖动到90帧处，设置"中心Y"参数为0.258，"高度"参数为0.475，"圆角半径"参数为0.1。

图10-12

02 把媒体池里的"10-02.mp4"素材拖动到节点面板的空白处以添加节点"MediaIn2"，选中"MediaIn1"节点，单击节点工具栏上的↲按钮创建合并节点"Merge1"，然后把"MediaIn2"节点与"Merge1"节点连接到一起，如图10-13所示。

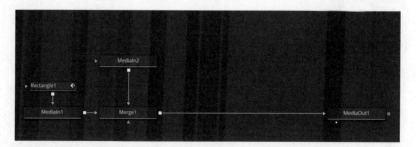

图10-13

03 选中"MediaIn2"节点，单击节点工具栏上的□按钮添加矩形遮罩，在"检查器"面板中设置矩形遮罩"宽度"参数为1，"高度"参数为0.96，"圆角半径"参数为0.1。选中"MediaIn2"节点，单击节点工具栏上的▭按钮添加变换节点"Transform1"，如图10-14所示。

图10-14

04 在"检查器"面板中设置"Transform1"节点的"大小"参数为0.48，"中心X"参数为0.252，"中心Y"参数为0.747，然后创建关键帧，如图10-15所示。继续把播放头拖动到60帧处，设置"中心Y"参数为1.244，如图10-16所示。

图10-15

图10-16

05 选中"Merge1"节点后单击节点工具栏上的 按钮创建合并节点"Merge2"，然后把媒体池里的"10-03.mp4"素材拖动到节点面板的空白处以添加节点"MediaIn3"。选中"Rectangle2"节点后按快捷键Ctrl+C复制节点，选中"MediaIn3"节点后按快捷键Ctrl+V粘贴节点。继续选中"Transform1"节点后按快捷键Ctrl+C复制节点，选中"MediaIn3"节点后按快捷键Ctrl+V粘贴节点，如图10-17所示。

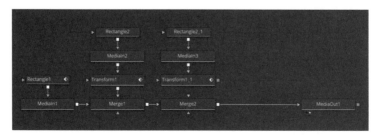

图10-17

06 把"Transform1_1"节点和"Merge2"节点连接到一起。选中"Transform1_1"节点，设置"中心X"参数为0.748；把播放头拖动到90帧处，设置"中心X"参数为0.748，如图10-18所示。

图10-18

07 展开样条线面板，单击面板上方的 ☑ 按钮显示所有曲线，在样条线面板的左侧勾选所有复选框，框选所有关键帧后单击面板下方的 ∫ 按钮，如图10-19所示。

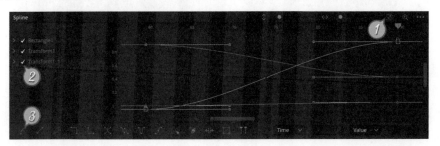

图10-19

08 展开片段面板，选中第二个片段后将面板关闭。选中"MediaIn1"节点，单击节点工具栏上的 按钮添加变换节点，设置"中心X"参数为0.313。选中"MediaIn1"节点，单击节点工具栏上的 按钮添加矩形遮罩，把播放头拖动到60帧处，设置"中心X"参数为0.44，"宽度"参数为0.484，"高度"参数为0.96，"圆角半径"参数为0.05，接下来为"中心""宽度"和"圆角半径"参数创建关键帧，如图10-20所示。把播放头拖动到90帧处，设置"中心X"参数为0.32，"宽度"参数为0.242，"圆角半径"参数为0.1。

09 选中"Transform1"节点后单击节点工具栏上的 按钮创建合并节点"Merge1"。接下来把媒体池里的"10-05.mp4"素材拖动到节点面板的空白处以添加节点"MediaIn2"，然后把"MediaIn2"节点和"Merge1"节点连接到一起，如图10-21所示。

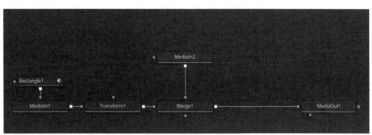

图10-20   图10-21

10 选中"MediaIn2"节点，单击节点工具栏上的 按钮添加变换节点"Transform2，设置"中心X"参数为0.762，"中心Y"参数为0.36后创建关键帧，如图10-22所示。把播放头拖动到60帧处，设置"中心X"参数为0.898，"中心Y"参数为0.5，如图10-23所示。

图10-22   图10-23

11 选中"MediaIn2"节点后单击节点工具栏上的 按钮创建矩形遮罩，设置"中心X"参数为0.35，"宽度"参数为0.484，"高度"参数为0.96，"圆角半径"参数为0.05，然后为这几个参数创建关键帧，如图10-24所示。把播放头拖动到90帧处，设置"中心X"参数为0.365，"中心Y"参数为0.395，"宽度"参数为0.724，"高度"参数为0.47，"圆角半径"参数为0.1，如图10-25所示。

图10-24　　　　　　　　　　图10-25

12 选中"Merge1"节点后单击节点工具栏上的□按钮创建合并点节"Merge2"，然后把媒体池里的"10-06.mp4"素材拖动到节点面板的空白处以添加节点"MediaIn3"。选中"Rectangle2"节点后按快捷键Ctrl+C复制节点，选中"MediaIn3"节点后按快捷键Ctrl+V粘贴节点。接下来把"MediaIn3"和"Merge2"节点连接到一起，如图10-26所示。

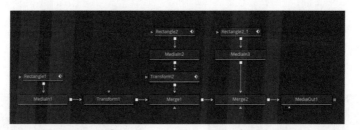

图10-26

13 选中"Rectangle2_1"节点，设置"中心X"参数为0.627，"中心Y"参数为0.745，如图10-27所示。把播放头拖动到60帧处，设置"中心X"参数为0.99，"中心Y"参数为0.98，"宽度"和"高度"参数均为0，"圆角半径"参数为0.1，如图10-28所示。

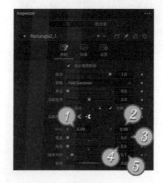

图10-27　　　　　　　　　　图10-28

14 展开样条线面板，框选所有关键帧后单击面板下方的 ⌒ 按钮。展开关键帧面板，展开
"Rectangle2_1"选项，把所有参数的第一个关键帧拖动到61帧处，如图10-29所示。

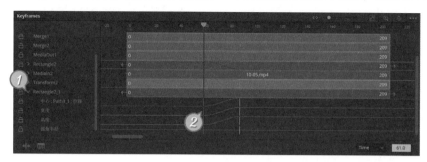

图10-29

15 展开片段面板，选中第三个片段后用鼠标中键单击第一个片段，在弹出的窗口中
单击"Overwrite"按钮。按住Shift键，把媒体池里的"10-08.mp4"素材拖动到
"MediaIn2"节点上，在弹出的窗口中单击"确定"按钮。继续按住Shift键，把媒体
池里的"10-09.mp4"素材拖动到"MediaIn3"节点上，在弹出的窗口中单击"确定"
按钮，如图10-30所示。

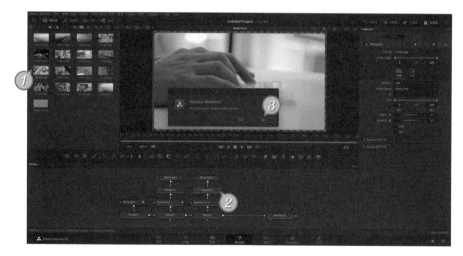

图10-30

16 选中"Rectangle1"节点，把播放头拖动到60帧处，单击 ◆ 按钮取消"中心"和"高
度"参数的关键帧，然后为"宽度"参数创建关键帧，如图10-31所示。把播放头拖动
到90帧处，取消"中心"和"高度"参数的关键帧，设置"宽度"参数为0.236，"高
度"参数为0.96，"中心X"和"中心Y"参数均为0.5，如图10-32所示。

图10-31　　　　　　　　　　　　　　图10-32

17 选中"MediaIn1"节点，单击节点工具栏上的■按钮添加变换节点"Transform2"，设置"中心X"参数为0.128后创建关键帧。把播放头拖动到60帧处，设置"中心X"参数为0.5。

18 选中"Rectangle2"节点，设置"宽度"参数为0.953，"圆角半径"参数为0.05后为这两个参数创建关键帧，如图10-33所示。把播放头拖动到90帧处，设置"宽度"参数为0.236，"圆角半径"参数为0.1，如图10-34所示。

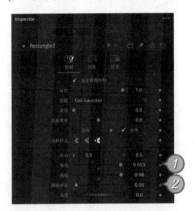

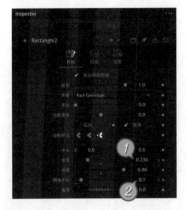

图10-33　　　　　　　　　　　　　　图10-34

19 选中"Transform1"节点，设置"大小"参数为1，"中心X"参数为0.376，"中心Y"参数为0.5。在60帧处设置"中心X"参数为1.48，"中心Y"参数为0.5。

20 选中"Transform1_1"节点，设置"大小"参数为1，"中心X"参数为2.44，"中心Y"参数为0.5，如图10-35所示。在90帧处设置"中心X"参数为0.748，"中心Y"参数为0.5，如图10-36所示。

图10-35   图10-36

21 选中"Rectangle2_1"节点，设置"圆角半径"参数为0.05，设置"宽度"参数为0.484后创建关键帧，如图10-37所示。在60帧处设置"宽度"参数为0.945，如图10-38所示。

图10-37   图10-38

22 展开样条线面板，框选所有关键帧后单击面板下方的⌒按钮。展开片段面板，选中第四个片段后用鼠标中键单击第三个片段，在弹出的窗口中单击"Overwrite"按钮。按住Shift键，把媒体池里的"10-11.mp4"素材拖动到"MediaIn2"节点上，在弹出的窗口中单击"确定"按钮。继续按住"Shift"键，把媒体池里的"10-12.mp4"素材拖动到"MediaIn3"节点上，在弹出的窗口中单击"确定"按钮，如图10-39所示。

23 展开样条线面板，框选所有关键帧后按"V"键反转关键帧。在片段面板中选中第五个片段后用鼠标中键单击第四个片段，在弹出的窗口中单击"Overwrite"按钮。按住"Shift"键，把媒体池里的"10-14.mp4"素材拖动到"MediaIn2"节点上，在弹出的窗口中单击"确定"按钮。继续按住Shift键，把媒体池里的"10-15.mp4"素材拖动到"MediaIn3"节点上，在弹出的窗口中单击"确定"按钮，如图10-40所示。

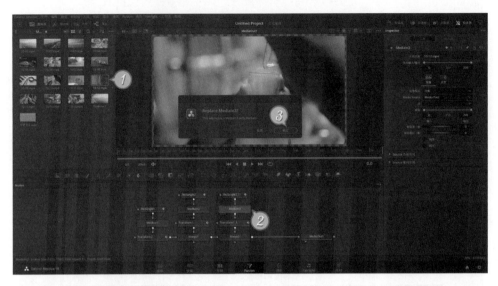

图10-39

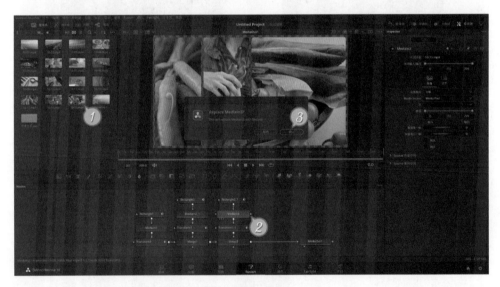

图10-40

24 选中"Rectangle1"节点,单击"检查器"面板右上方的⊕按钮恢复默认参数。把播放头拖动到75帧处,设置"宽度"参数为0.318,"高度"参数为0.96,"圆角半径"参数为0.075,然后为"中心""宽度"和"圆角半径"参数创建关键帧,如图10-41所示。把播放头拖动到118帧处,设置"中心X"参数为0.34,"宽度"参数为0,"圆角半径"参数为0.1,如图10-42所示。

图10-41

图10-42

25　选中"Transform2"节点，单击 ⊕ 按钮恢复默认参数。把播放头拖动到0帧处，设置"中心X"参数为0.17，"中心Y"参数为1.5后创建关键帧如图10-43所示。把播放头拖动到20帧处，设置"中心Y"参数为0.5，如图10-44所示。

图10-43

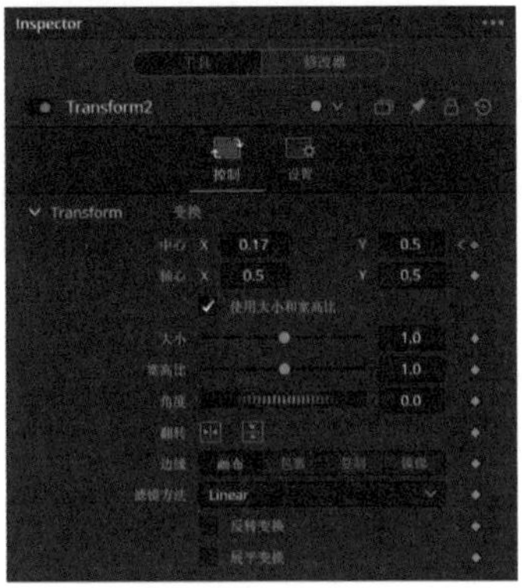

图10-44

26　把"Rectangle2"和"Rectangle2_1"节点删除，然后选中"Rectangle1"节点，按快捷键Ctrl+C复制节点。分别选中"MediaIn2"和"MediaIn3"节点，按快捷键Ctrl+V粘贴节点。

27　选中"Transform1"节点，单击 ⊕ 按钮恢复默认参数。在20帧处设置"中心X"参数为0.83，"中心Y"参数为1.5后创建关键帧，如图10-45所示。在40帧处设置"中心Y"参数为0.5，如图10-46所示。

28　选中"Transform1_1"节点，单击 ⊕ 按钮恢复默认参数。把播放头拖动到10帧处，设置"中心Y"参数为1.5后创建关键帧，如图10-47所示。把播放头拖动到30帧处，设置"中心Y"参数为0.5，如图10-48所示。

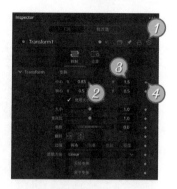

图10-45

图10-46

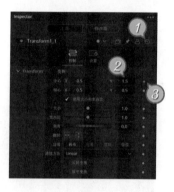

图10-47

图10-48

29 选中"Rectangle1_2"节点，把播放头拖动到75帧处，取消"中心"参数的关键帧，如图10-49所示。把播放头拖动到118帧处，取消所有参数的关键帧。把播放头拖动到120帧处，设置"中心X"和"中心Y"参数均为0.5，"宽度"参数为0.98，"圆角半径"参数为0.05，如图10-50所示。

图10-49

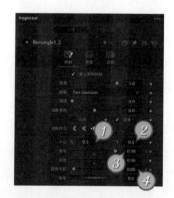

图10-50

30 选中 "Rectangle1_1" 节点，把播放头拖动到118帧处，设置 "中心X" 参数为0.66，如图10-51所示。

图10-51

31 展开样条线面板，框选所有关键帧后单击面板下方的 按钮。

10.3 添加标题字幕

本例中我们使用字幕模板和关键帧功能制作副标题动画，使用Text+配合跟随器功能制作主标题动画。

01 切换到 "剪辑" 页面，在 "特效库" 面板的左侧单击 "标题"，把 "右侧字幕条" 拖动到 "V3" 轨道上。把字幕片段的入点拖动到1秒15帧处，出点拖动到5秒15帧处。在 "检查器" 面板的第二个文本框中输入 "风景"，设置字体为 "鸿雷板书简体"。如图10-52所示。

02 在第一个文本框中输入副标题的拼音，设置字体为 "鸿雷板书简体"，"大小" 参数为42，如图10-53所示。单击 "设置" 选项卡，设置 "位置X" 参数为50，"位置Y" 参数为 -50，如图10-54所示。

图10-52

图10-53

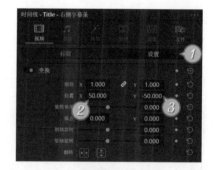

图10-54

03 把播放头拖动到2秒15帧处，为"合成"选项组中的"不透明度"参数创建关键帧。把播放头拖动到4秒15帧处，单击 ◆ 按钮插入关键帧。把播放头拖动到5秒15帧处，设置"不透明度"参数为0。把播放头拖动到1秒15帧处，设置"不透明度"参数为0，如图10-55所示。

04 按住Alt键复制标题片段，将复制的片段拖动到"V7"轨道上，把入点拖动到23秒15帧处，然后修改副标题的内容，如图10-56所示。

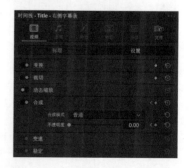

图10-55

图10-56

05 把"特效库"面板中的"左侧字幕条"拖动到"V4"轨道上，把字幕片段的入点拖动到7秒处，出点拖动到11秒帧处，使用与"右侧字幕条"相同的参数设置新添加的副标题。按住Alt键，把"V4"轨道上的标题片段复制到"V5"和"V6"轨道上，然后修改标题内容，如图10-57所示。

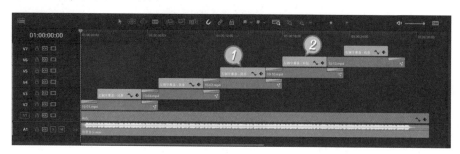

图10-57

06 把"特效库"面板中的"Text+"拖动到"V7"轨道上，把字幕片段的入点拖动到28秒20帧处，出点与音频片段对齐。在"检查器"面板的文本框中输入"宣传视频制作实例"，设置字体为"鸿雷板书简体"，"颜色"为"红色=53，绿色=180，蓝色=210"，如图10-58所示。

07 切换到"Fusion"页面，在"检查器"面板的文本框中右击，在弹出的快捷菜单中执行"跟随器"命令。单击"修改器"选项卡，在"顺序"下拉菜单中选择"从里到外"，设置"延迟"参数为1，如图10-59所示。

图10-58

08 单击"着色"选项卡，把播放头拖动到30帧处，为"不透明度"参数、"Softness"卷展栏中的"X轴""Y轴"参数以及"Position"卷展栏中的"Offset Z"参数创建关键帧，如图10-60所示。把播放头拖动到0帧处，设置"不透明度"参数为0，"X轴"和"Y轴"参数均为5，"Offset Z"参数为-10，如图10-61所示。

图10-59

图10-60

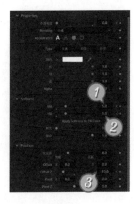

图10-61

10.4 交付输出视频

最后我们对视频片段进行调色处理，然后把处理好的项目渲染输出成视频文件。

01 切换到"调色"页面，在片段面板中选择第一个片段，然后按住Shift
键单击最后一个片段，在片段缩略图上右击，在弹出的快捷菜单中
执行"添加到新群组"命令，在弹出的"群组名称"窗口中单击
"OK"按钮，如图10-62所示。

图10-62

02 在节点面板上方单击"片段"右侧的 ∨ 按钮，在弹出的菜单中选择"片段后群组"，然
后按快捷键Alt+S创建串行节点。在"一级－校色轮"面板中设置"色调"参数为－50，
"中间调细节"参数为100，"色彩增强"参数为30。在"曲线－自定义"面板中创建
两个锚点，参照图10-63所示调整曲线的形状。

图10-63

03 切换到"交付"页面，单击"浏览"按钮，在打开的"文件目标"窗口中设置文件的保存路径和文件名，如图10-64所示。

04 在"渲染设置"面板的"格式"下拉菜单中选择"MP4"，在"编码器"下拉菜单中选择"NVIDIA"，单击"限制在"单选按钮后

图10-64

设置参数为8000，继续单击"添加到渲染队列"按钮，最后在"渲染队列"面板中单击"渲染所有"按钮，开始渲染输出文件，如图10-65所示。

图10-65

DAVINCI RESOLVE 18

达芬奇
视频剪辑与调色

第11章

综合实战：
制作记录叙事类视频

本章制作一个记录类的视频作品，这种类型的视频适用范围很广，不管是校园纪录片、商业宣传片还是旅游VLOG，使用的都是大体相同的剪辑方法。

11.1 完成视频粗剪

按照视频剪辑的标准流程，首先我们要把事先整理好的素材导入达芬奇中，然后按照设定好的剧情把素材排列到时间线里。

01 运行达芬奇，在项目管理器中单击右下角的"新建项目"按钮，在打开的窗口中输入"综合实战2-记录视频"后单击"创建"按钮。切换到"剪辑"页面，按快捷键Ctrl+I导入实例教学素材。在媒体池里选中背景音乐素材，按F9键插入时间线上。把播放头拖到23秒处，选中音频片段后单击时间线工具栏上的 ♥ 按钮插入一个踩点标记，继续在46秒和1分11秒处插入踩点标记，结果如图11-1所示。

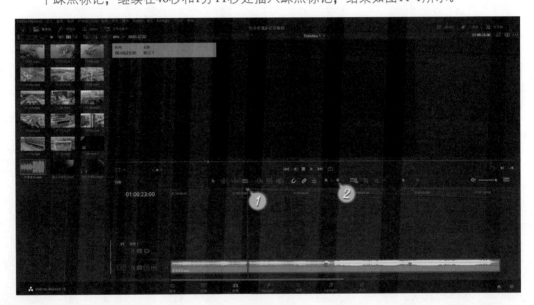

图11-1

02 单击媒体池上方的 ⇅ 按钮，然后选择"片段名"。把播放头拖到0帧处，按住Shift键在媒体池里选中"11-01.mp4"～"11-14.mp4"素材，按F10键插入时间线上，如图11-2所示。

03 激活时间线工具栏上的 ⊞ 按钮，选中"11-03.mp4"片段后拖曳素材右侧的边框，将它与音频片段上的踩点标记对齐，如图11-3所示。

图11-2

图11-3

04 把播放头拖到24秒处，选中"11-04.mp4"片段后拖曳素材左侧的边框，将素材裁剪掉1秒钟，为添加转场做准备，如图11-4所示。

图11-4

05 选中"11-07.mp4"片段后拖曳素材右侧的边框，将它与音频片段上的第二个踩点标记对齐。把播放头拖到47秒处，选中"11-08.mp4"片段后拖曳素材左侧的边框，将素材裁剪掉1秒钟。继续选中"11-10.mp4"片段后拖曳素材右侧的边框，将它与音频片段上的第三个踩点标记对齐。把播放头拖到1分12秒处，选中"11-11.mp4"片段后拖曳素材左侧的边框，将素材裁剪掉1秒钟。结果如图11-5所示。

图11-5

06 选中最后一个视频片段，拖曳片段右侧的边框，将它与音频片段的总时长对齐。执行"DaVinci Resolve"菜单中的"偏好设置"命令，打开"剪辑"窗口后单击"用户"选项卡，在窗口左侧单击"剪辑"选项，设置"标准转场时长"参数为3后单击"保存"按钮，如图11-6所示。

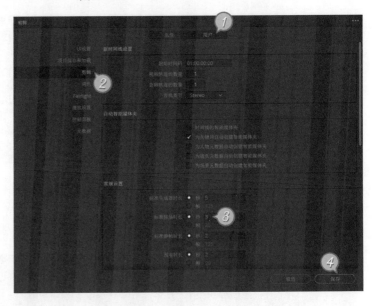

图11-6

07 展开"特效库"面板，在面板左侧选择"视频转场"，然后把"浸入颜色淡化"转场拖到第一个片段的开头处和最后一个片段的结尾处，把"Brightness Flash"转场拖到三个踩点标记指示的两个片段之间。选中最后一个转场，在"检查器"面板中设置"时长"为4秒。如图11-7所示。

图11-7

11.2 进行调色处理

完成了粗剪后，接下来我们分两步调色：首先调整每个片段的白平衡和明暗度，然后利用LUT文件和调整图层设置整体的色调风格。

01 切换到"调色"页面，在页面的右上角展开"光箱"面板。拖曳"光箱"面板右上方的圆形滑块，将缩略图调整到合适的大小，然后单击面板左上方的"调色控制工具"，接下来在面板的右下角展开"示波器"面板，并把示波器切换为"分量图"，如图11-8所示。

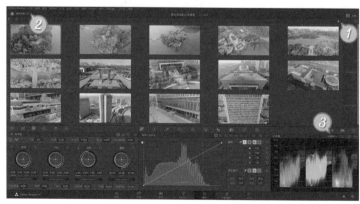

图11-8

02 选中第一个片段，在"一级－校色轮"面板中调整"暗部"色轮下方的四个参数，让黑电平对齐并且位于纵坐标0处。继续调节"亮部"色轮下方的参数，让白电平的主体位于纵坐标768处，如图11-9所示。

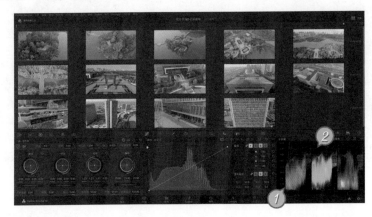

图11-9

03 重复前面的操作，依次调整每个片段的"暗部"和"亮部"色轮，让所有片段的明暗度和色调一致，结果如图11-10所示。

图11-10

04 退出"光箱"面板，在片段面板中选择第一个片段，然后按住Shift键单击最后一个片段。在片段缩略图上右击，在弹出的快捷菜单中执行"添加到新群组"命令，在弹出的"群组名称"窗口中单击"OK"按钮，如图11-11所示。

05 在节点面板上方单击"片段"右侧的∨按钮，在弹出的菜单中选择"片段后群组"，然后按快捷键Alt+V创建串行节点。展开"LUT库"面板，在左侧的列表中选择"DJI"，双击应用第三个LUT文件，如图11-12所示。

图11-11

图11-12

06 展开"键"面板，设置"键输出"选项组中的"增益"参数为0.5。在"一级－校色轮"面板中设置"色调"参数为－50，"中间调细节"参数为15，"阴影"参数为50，如图11-13所示。

图11-13

07 切换到"剪辑"页面，在"特效库"面板左侧选择"特效"，把"调整片段"拖到时间线面板的"V2"轨道上，拖曳调整片段右侧的边框，将它与视频片段的时长对齐，如图11-14所示。

08 继续在"特效库"面板左侧选择"Open FX"，把"Resolve FX风格化"中的"暗角"效果器拖到调整片段上。展开"检查器"面板，单击"特效"选项卡，设置"大小"和"柔化"参数均为1，如图11-15所示。

09 把媒体池中的"镜头光晕01.mp4"和"镜头光晕02.mp4"拖到时间线面板的"V3"轨道上，然后再次把"镜头光晕01.mp4"拖到"V3"轨道上。框选"V3"轨道上的三个片段，把第一个片段的入点拖到3秒处。在"检查器"面板的"合成模式"下拉菜单中选择"添加"，设置"不透明度"参数为40。如图11-16所示。

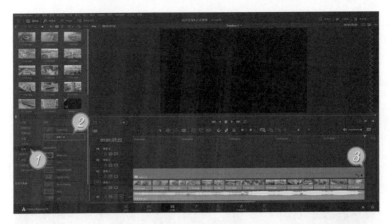

图11-14

图11-15

图11-16

11.3 制作标题动画

本例中我们需要制作视频的片头标题和介绍地名的字幕。片头标题使用跟随器制作动画，为了丰富效果，还会使用射光效果器制作扫光特效。字幕在预设动画的基础上使用镜头光斑效果器添加光晕效果。

01 在"特效库"面板左侧选择"标题"，把"Zipper"预设拖到"V4"轨道上，将标题片段的入点拖到3秒处，将出点拖到15秒处。在"检查器"面板的第一个文本框中输入"勺湖公园"，设置字体为"鸿雷板书简体"，设置"Upper Text Size"参数为0.06。如图11-17所示。

图11-17

02 在第二个文本框中输入字幕的大写拼音，设置"Bottom Text Size"参数为0.025，"Bottom Text Center X"参数为0.11，字体样式为"Regular"，文字颜色为白色，如图11-18所示。单击面板上方的"设置"选项卡，设置"位置X"参数为−25，"位置Y"参数为−280，如图11-19所示。

03 切换到"Fusion"页面，在节点面板中选择"Zipper"节点。展开关键帧面板，单击面板上方的 ⬈ 按钮显示所有关键帧，选中"bottomText"和"upperText"卷展栏中的第二个关键帧，将它们拖到30帧处，如图11-20所示。

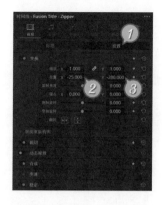

图11-18　　　　　　　　　　　　　图11-19

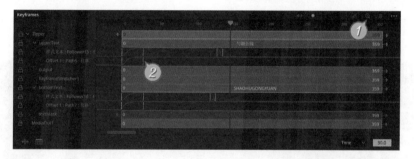

图11-20

04 确认选中"Zipper"节点，展开"特效库"面板，在面板左侧选择"OpenFX"，然后双击添加"Resolve FX光线"中的"镜头光斑"效果器，如图11-21所示。

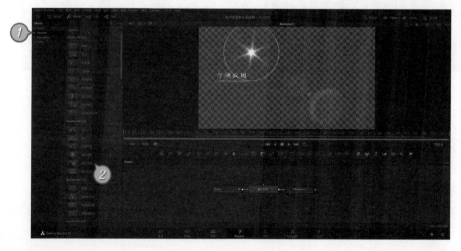

图11-21

05 在"检查器"面板的"镜头光晕预设"下拉菜单中选择"当代科幻片"，在"位置"
卷展栏中设置"位置X"参数为0.11、"位置Y"参数为0.495后为参数创建关键帧，
在"元素"卷展栏的"显示控制为"下拉菜单中选择"中心闪光点"，设置"光晕大
小"参数为0.07，如图11-22所示。

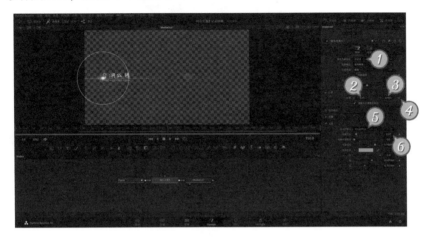

图11-22

06 在"全局校正"卷展栏中设置"全局缩放"参数为0.5，"变形"参数为1.6，"全局焦
散"参数为0.1，在设置"全局亮度"参数为0后创建关键帧，如图11-23所示。把播放头
拖到30帧处，设置"全局亮度"参数为1，设置"位置X"参数为0.25，如图11-24所示。

图11-23

图11-24

07 把播放头拖到330帧处，单击 ◆ 按钮为"全局亮度"参数添加一个关键帧。把播放头拖
到最后一帧处，设置"全局亮度"参数为0。

08 切换到"剪辑"页面，选中标题片段后按快捷键Ctrl+C复制片段。把播放头拖到24秒处，按快捷键Ctrl+V粘贴标题，拖曳复制标题右侧的边框，将出点拖到45秒处，如图11-25所示。

图11-25

09 把播放头拖到47秒处，按快捷键Ctrl+V粘贴标题，然后把复制标题的出点拖到1分10秒处。把播放头拖到1分12秒处，按快捷键Ctrl+V粘贴标题，然后把复制标题的出点拖到1分33秒处。如图11-26所示。

图11-26

10 选中第二个标题片段，在"检查器"面板中修改字幕内容后单击"设置"选项卡，设置"位置X"参数为1080。切换到"Fusion"页面，展开关键帧面板，展开"镜头光斑1"卷展栏，把"全局亮度"参数的后两个关键帧拖到片段结尾处，如图11-27所示。把播放头拖到30帧处，在"检查器"面板中设置"位置X"参数为0.33。

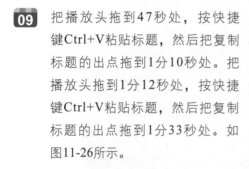

图11-27

11 使用相同的方法修改剩余两个标题片段的内容和位置，结果如图11-28所示。

12 在"剪辑"页面中把"特效库"面板中的"Text+"标题拖到15秒处，然后把出点拖到23秒处。在"检查器"面板的文本框中输入"美丽淮安"，设置"字体"为"鸿雷板书简体"，"大小"参数为0.11，如图11-29所示。单击"布局"选项卡，设置"中心Y"参数为0.54。

图11-28

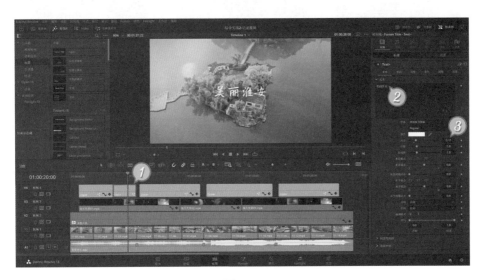

图11-29

13 切换到 "Fusion" 页面，在 "检查器" 面板的文本框中右击，在弹出的快捷菜单中执行 "跟随器" 命令。单击 "修改器" 选项卡，在 "顺序" 下拉菜单中选择 "从左到右"，设置 "延迟" 参数为10，如图11-30所示。

14 单击 "着色" 选项卡，在 "Position" 卷展栏中设置 "Offset Z" 参数为－10后创建关键帧，在 "Softness" 卷展栏中 "X轴" 和 "Y轴" 参数均为5后为这两个参数创建关键帧，如图11-31所示。

15 把播放头拖到20帧处，设置"不透明度"参数为0后创建关键帧，如图11-32所示。把播放头拖到60帧处，设置"Offset Z""X轴"和"Y轴"参数为0，设置"不透明度"参数为1。把播放头拖到220帧处，单击 ◆ 按钮为"不透明度"参数添加一个关键帧。把播放头拖到最后一帧处，设置"不透明度"参数为0。

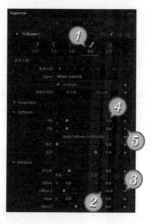

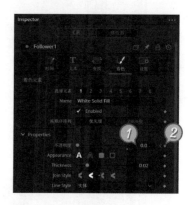

| 图11-30 | 图11-31 | 图11-32 |

16 把播放头拖到220帧处，单击"时间"选项卡，为"延迟"参数创建关键帧，如图11-33所示。把播放头拖到221帧处，设置"延迟"参数为0，如图11-34所示。

| 图11-33 | 图11-34 |

17 在"特效库"面板中双击添加"Resolve FX光线"中的"射光"效果器。把播放头拖到120帧处，在"射线源"下拉菜单中选择"边缘"，在"射线散布"下拉菜单中选择"CCD高光溢出（强烈）"，设置"亮度"参数为0.08，在设置"长度"参数为0后创建关键帧，如图11-35所示。

18 把播放头拖到140帧处，设置"长度"参数为1，在设置"位置X"参数为0.34、"位置Y"参数为0.39后创建关键帧，如图11-36所示。把播放头拖到200帧处，设置"位置X"参数为0.64，单击 ◆ 按钮为"长度"参数添加一个关键帧，如图11-37所示。把播放头拖到220帧处，设置"长度"参数为0。

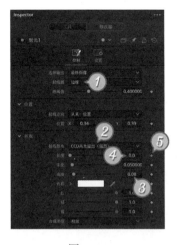

图11-35

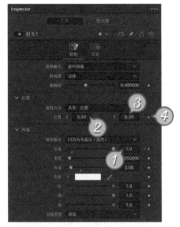

图11-36

图11-37

19 切换到"剪辑"页面，在"检查器"面板中单击"设置"选项卡，在"合成模式"下拉菜单中选择"滤色"，如图11-38所示。

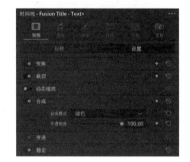

图11-38

11.4 交付输出视频

最后我们把制作好的项目渲染输出成视频文件。

01 切换到"交付"页面，在"渲染设置"面板中单击"浏览"按钮，在打开的"文件目标"窗口中设置文件的保存路径和文件名，如图11-39所示。

图11-39

02 在"格式"下拉菜单中选择"MP4"，在"编码器"下拉菜单中选择"NVIDIA"，单击"限制在"单选按钮后设置参数为8000，继续单击"添加到渲染队列"按钮，最后在"渲染队列"面板中单击"渲染所有"按钮，开始渲染输出文件，如图11-40所示。

图11-40